KB105344

녹조의 번성

남세균 탓인가, 사람 잘못인가

녹조의 번성

남세균 탓인가, 사람 잘못인가

강찬수 지음

GEOBOOK 지오북

들어가는 말

"모세가 파라오와 그 신하들 앞에서 나일강 물을 쳤다. 그러자 나일강 물이 모두 피로 변하였다. 강에 있는 물고기들은 죽고 강은 악취를 풍겨, 이집트인들이 강에서 물을 퍼마실 수가 없었다."

구약성경 『창세기』를 보면 모세가 이집트 파라오에게 행한 열 가지 재앙이 있다. 그중 첫 재앙이 나일강의 물이 붉게 변하도록 한 것이었다. 7세기 우리 역사를 서술한 『삼국사기』 백제 본기 제31대 의자왕편에도 비슷한 이야기가 나온다.

"의자왕 20년(서기 660년) 왕도(王都, 부여) 우물물이 핏빛이었다. 서해 물가에 작은 물고기들이 나와 죽었다. 백성들이 모두 먹을 수 없을 정도였다. 사비하(泗沘河, 지금의 백마강)의 물이 붉어져 마치 핏빛 같았다."

12세기에 『삼국사기』를 쓴 김부식이 『창세기』 내용을 전해 듣지 않았을까 싶을 정도로 두 이야기는 아주 비슷하다. 강물이 핏빛으로 변했다는 것은 어쩌면 적조(赤潮, red tide)가 발생했음을 보여주는 것일 수도 있다. 내가 어렸을 적 1970년대 마산 앞바다에서 목격한 적조를 50년이 지난 지금도 잊지 못하는 것처럼, 적조의 강렬한 붉은빛은 인류 역사를 통해 사람들의 눈길을 끌었고 깊은 인상을 남겼을 것이다.

4 녹조의 번성, 남세균 탓인가 사람 잘못인가

이에 비해 담수에서 발생하는 청록색 녹조(綠潮, algal blooming)는 그다지 강한 인상을 남기지 못하는 모양이다. 2023년 8월 여러 언론에서는 소양호에서 50년 만에 처음으로 녹조가 발생했다는 소식을 대대적으로 보도했다. 소양댐이 1973년 10월에 준공됐으니 소양호의 나이가 쉰 살이 된 것은 맞지만 녹조가 처음 발생했다는 기사 내용은 사실이 아니다. 소양호에서는 1980년대부터 녹조가 있었고, 내가 대학원생 때 수질조사를 다닐 때도 여름마다 관찰했다. 기자가 된 이후인 1997년 나는 소양호 녹조 발생을 기사로 다루기도 했다. 소양호의 녹조는 30년도 안 돼 사람들 머릿속에서 잊힌 모양이다.

녹조 문제는 기자가 된 이후에도 계속 관심을 가지고 다뤄왔던 주제다. 4대강 사업 이전에도 팔당호와 대청호의 녹조 기사를 썼고, 4대강 사업 중에도, 4대강 사업이 완공된 지 10년이 넘은 지금도 녹조 기사를 쓰고 있다. 낙동강을 비롯해 전국 곳곳의 강과 호수에 여름이면 녹조가 창궐하기 때문이다.

원래 강과 호수는 푸른 물, 즉 청색을 띤다. 녹조가 발생하면 강과 호수의 색깔이 달라진다. 녹색을 띠는 물은 적어도 사람 입장에서는 건강한 물이 아니다. 악취를 낼 수도 있고, 해로운 독소를 배출할 수도 있다. 일부에서는 그런 물이라도 없는 것보다 낫지 않느냐, 물이 부족한 것보다 탁한 물이라도 넉넉한 게 보기에도 좋지 않느냐고 말한다. 하지만 오염되고 탁한 물은 수자원으로서 가치가 떨어진다. 녹조가 낀 물은 온전한 수자원이 못 된다. 녹조를 막을 수 있다면 막아야 한다.

국내에도 숱한 녹조 전문가들이 있지만, 녹조 문제는 아직 해결되지 못했다. 원인과 해법을 모르는 것이 아닌데도 해결을 못하고 있다. 우리 사회는 10년이 넘게 녹조의 원인을 놓고 논쟁을 벌이고 있다. 교과서에도 나오는 당연한 이야기인데도 잘못된 주장을 되뇌이는 일부 전문가 탓이다. 그런 사이 녹조를 일으키는 남세균(藍細菌, cyanobacteria)이 만드는 독소에 대한 우려도 커지고 있다. 지난 2~3년 남세균 독소에 대한 기사를 쓰다가 어느 순간 더 이상 녹조 문제를, 남세균 독소 문제를 전문가들이 던져주는 자료에만 의존할 수 없다는 판단이 들었다. 시민의 생명이 걸려있으며, 너무나 중요한 주제이고, 빠른 시일 내에 해결하지 않으면 안 되는 시급한 문제라고 생각했다. 그래서 직접 인터넷을 뒤져 최신 자료와 학술 논문에서 답을 찾는 작업에 뛰어들었고, 최신 논문을 정리해 기사로 썼다.

기사를 쓰면서, 그리고 다시 책으로 정리하면서 일반 시민들도 이해할 수 있도록 쉽게 쓰려고 나름대로 노력했다. 시민들이 직접 녹조의 원인을 깨닫고 해결책을 알아야 문제 해결을 요구하고, 그것이 실행에 옮겨질 수 있다고 믿기 때문이다. 그럼에도 국내외 저널에 게재된 학술 논문들을 재료로 다루다 보니 쉽게 쓰는 데 한계도 있었다. 책에 어려운 부분이 있거나 미흡한 부분이 있다면 오로지 제 부족함 때문이다. 독자들께 이해를 부탁드린다.

아무쪼록 이 책이 대한민국의 강과 호수가 녹조를 씻어내고 맑은 모습을 되찾는 데 작으나마 도움이 되기를 간절히 바란다.

2023년 10월
강 찬 수

차례

3부 독소 만드는 남세균

4부 건강 위협하는 남세균

1부

남세균과 녹조

1.
미국 흰머리수리를 죽인 범인은?

1994년부터 미국 남동부 아칸소 지역을 중심으로 사람들을 술렁이게 하는 일이 벌어졌다. 미국 국조(國鳥, 나라 새)인 흰머리수리들이 죽어 나가기 시작한 것이다. 몸이 마비되거나 경련을 일으키다가 죽은 흰머리수리의 뇌에는 전에 볼 수 없던 변화가 눈에 띄었다. 뇌가 부어오르고 액포(미세한 주머니)가 생겨난 것이 확인됐다.

이듬해까지 아칸소를 비롯한 미국 남동부 4개 주의 10여 개 댐·저수지 근처에서 70마리 이상의 흰머리수리가 숨졌다. 흰머리수리 외에도 올빼미, 물닭, 청둥오리 등 다른 새들도 이 병을 앓다가 숨지는 사례도 보고됐다. 이 병은 '조류 액포성 골수병증(avian vacuolar myelinopathy, AVM)'으로 불리게 됐다. 나중에는 양서·파충류에서도 발견되면서 이 병은 '액포성 골수병증(VM)'이란 이름으로 굳어졌다. 새들의 경우 주로 겨울철에 VM으로 죽어갔는데, 왜 겨울철인지 그 이유도 오리무중이었다.

오랜 시간 미스터리로 남아있던 이 병(VM)의 원인이 2021년에야 밝혀졌다. 그해 3월에 미국 조지아대학의 수잔 와일드 교수 등이 과학 저널 『사이언스(Science)』에 발표한 논문에서 연구 결과를 공개했다.[1] 연구팀은 "흰머리수리 등에서 나타난 VM은 남세균(cyanobacteria)이 만든 독소가 원인"이라고 발표했다. 녹조를 일으키는 남세균이 다른 생물들을 죽였다는 것이다. VM의 원인을 밝히는 데 30년 가까이 걸린 데는 다 이유가 있었다. 복잡한 과정이 숨어있었던 것이다.

연구팀은 오랜 조사 끝에 수초를 제거하기 위해 뿌린 제초제에 든 브롬 성분에서 긴 이야기가 시작됐다는 것을 알게 됐다. 브롬 성분에 노출된 남세균이 자극을 받아 독소를 생산하고, 독소를 지닌 남세균을 물닭과 청둥오리 등 새들이 먹었고, 새들의 몸에 독소가 축적됐다. 이 새를 잡아먹은 흰머리수리가 독소에 노출돼 떼죽음을 당했다는 설명이다. 독소가 먹이사슬을 따라 올라가면서 체내에 축적이 돼 피해를 준 것이다.

연구팀은 VM이 발생한 곳이 댐과 저수지 등 인공호수이고, 이곳에는 물속에서 자라는 식물인 검정말(Hydrilla verticillata)이 많다는 사실에 주목했다. 또 검정말 표면에 특정 남세균이 붙어 자란다는 것을 확인했다. 이 남세균은 나중에 애토크토노스 하이드릴리콜라(Aetokthonos hydrillicola)라는 이름을 얻었다. 'Aetokthonos'는 그리스어로 '독수리를 죽인다'는 뜻이라고 한다.

연구팀은 이 남세균이 브롬이 있을 때만 애토크토노톡신

(aetokthonotoxin, AETX)을 만든다는 사실과, 이 독소를 건강한 닭에게 먹이면 질병(VM)이 나타나는 것도 최종적으로 확인했다. 특이한 것은 브롬이 존재할 때만 남세균이 독소를 만든다는 점이었다. 연구팀은 브롬이 인공호수 관리자들이 수초를 없애기 위해 뿌린 브롬 제초제에서 온 것으로 추정했다. 호수 주변에서 들어온 브롬화 난연제나 도로 제설제 등도 원인일 가능성이 제기됐다. 브롬화 난연제는 화재 발생 시 불이 잘 붙지 않도록 커튼 등에 첨가하는 화학물질인데, 브롬 성분이 포함된 것을 말한다.

일단 호수에 들어온 브롬 성분은 여름철에는 호수의 성층화 현상 때문에 바닥에 가라앉게 된다. 성층화(成層化) 현상은 호수 표층의 수온이 더 높고, 바닥(저층)이 차가워 호숫물이 섞이지 않고 층을 이룬 상태를 말하는데, 여름철에 나타난다. 늦가을이 돼 호숫물 표면의 온도가 내려가고 바닥층의 수온과 같아지면 호숫물이 섞이기 시작한다.[2] 이때 바닥에 고여 있던 브롬 성분이 표층으로 올라오고, 이것을 바탕으로 남세균이 독소를 생성하는 것으로 연구팀은 설명했다. 새들이 겨울철에 VM으로 집중적으로 죽은 것도 늦가을부터 브롬에 노출된 남세균이 독소를 만들기 때문이라는 것이다. 조지아와 사우스 캐롤라이나주 경계에 위치한 한 저수지에서는 미 육군 공병단이 물고기를 풀어 수초를 제거했는데, 이곳에서는 흰머리수리의 폐사가 보고되지 않았다.

한편, 2023년 4월 독일 마르틴루터대학 약학연구소 등의 연구팀은 이 남세균 애토크토노스 하이드릴리콜라의 독소에 대한 새로운 연구 결과를 발표했다. 연구논문 사전 리뷰 사이트(bioRxiv)에 공개한 논문에서 연구팀은 "애토크토노스라는 남세균이 에토

녹조의 번성, 남세균 탓인가 사람 잘못인가

액포성 골수병증(VM)

400 μm

새나 물고기를 먹은 포식자, 즉 흰머리수리 역시 액포성 골수병증에 걸리게 된다.

물닭이나 거북이, 달팽이, 물고기가 독소에 오염된 수초를 먹으면 액포성 골수병증(VM)에 걸리게 된다.

A. hydrillicola

200 μm

물속 수초에 붙어 자라는 남세균 애토크토노스 하이드릴리콜라 (*A. hydrillicola*)는 신경독소(AETX)를 생성한다.

시아노박테리아(남세균) 독소로 인해 흰머리수리가 죽는 과정을 나타낸 그림
ⓒ W. H. Majoros(wikimedia)

크토노톡신 외에도 애토크토노스타틴(aetokthonostatins)이나 돌라스타틴(dolastatin) 등 다른 독소를 만든다는 사실을 확인했다"라고 밝혔다.[3] 연구팀이 이를 확인할 수 있었던 것은 세포 독성 분석에서 순수한 애토크토노톡신보다 다른 물질이 혼합된 조추출물(crude extract)의 독성이 더 높다는 사실을 발견했기 때문이다. 애토크토노톡신 말고도 독성을 높이는 다른 무엇이 있다는 얘기였다. 연구팀이 이를 규명하는 과정에서 애토크토노스타틴이나 돌라스타틴의 존재를 확인했다.

연구팀은 남세균이 생성한 독소를 예쁜꼬마선충에 투여하는 실험을 진행했고, 여러 독소가 함께 작용할 때 독성이 강화되고 예쁜꼬마선충의 치사율이 높아지는 것도 확인했다. 연구팀은 "애토크토노스 남세균은 호수나 저수지에서 자라기 때문에 사람의 건강에도 잠재적인 위험이 될 수 있는 만큼 이 남세균과 해당 독소를 모니터링할 필요가 있다"라고 지적했다.

남세균도, 흰머리독수리도 오랜 옛날부터 그곳 호수 주변에 살고 있었다. 하지만 그 둘의 잘못된 만남을 주선한 것은 사람이었다. 브롬이 든 제초제를 뿌린 것이 바로 사람이었다. 그러니 흰머리독수리가 죽은 것에 대해 어찌 남세균만 탓할 수 있을까.

녹조의 번성, 남세균 탓인가 사람 잘못인가

2.
리우 올림픽 수영장에 발생한 녹조

2016년 8월 브라질 리우데자네이루에서는 올림픽 대회가 한창이었다. 그해 8월 5일 개막한 올림픽 대회는 21일까지 이어졌다. 당시 올림픽에는 206개국에서 1만 명이 넘는 선수가 참가했다. 한국도 205명의 선수와 89명의 임원이 참가했다. 올림픽 열기가 더해가던 어느 날, 올림픽 수영 종목 경기가 열리던 마리아 렌크 아쿠아틱센터의 다이빙 풀을 채운 물이 초록빛으로 혼탁해졌다. 초록색의 다이빙 풀과 수구 경기장의 물은 바로 옆 다른 풀의 맑고 투명한 물과 뚜렷한 대조를 이뤘다.[4]

다이빙 풀에 조류(藻類, 녹조생물)이 자란 탓이었다. 종류는 정확히 밝혀지지 않았지만, 남세균의 한 종류일 것으로 추정됐다. 올림픽 대회 조직위원회에서는 "수질 검사를 한 결과 선수들의 건강에 위험하지는 않다"라며 "현장 날씨가 뜨거운 데다 바람이 잘 불지 않아 수영장에 조류가 대량 번식해 나타난 녹조현상"이라고 설명했다.

수영장에는 원래 병원성 미생물을 없애기 위해 염소를 투입한다. 사람들이 이용하면서 같이 들어올 수 있는 병원균을 죽이기 위해 염소 소독을 하는 것이다. 당장 녹조가 발생한 정확한 원인을 파악하지 못한 조직위원회 측에서는 상황을 모면하기 위해 풀에 염소 소독제를 추가로 투입했다. 수영장에 몸을 담가야 하는 수구 선수들은 "눈이 따갑다"라는 등 불평을 터뜨리기 시작했다. 염소 농도가 높아진 탓이다. 녹색을 띤 풀의 물 색깔도 더 짙어졌다. 선수들의 불만이 커지자 올림픽 조직위원회에서는 결국 대회 도중에 수영장 물을 교체하는 극단적인 조치를 취할 수밖에 없었다.

올림픽 경기장에서 왜 이런 일이 벌어졌을까. 아쿠아틱센터에서도 올림픽 다이빙 풀장과 수구 경기장에만 녹조생물이 번식한 것은 이 경기장이 지붕이 없는 구조라는 특성과 관련이 있었다. 기온이 높은 리우에서 강한 햇살에 물이 그대로 노출된 탓이다. 남세균이 있다면 자랄 수 있는 상황이었다. 조직위원회에서는 다른 수영장과 마찬가지로 이곳에서도 염소 소독을 실시했다. 원래 염소 소독을 하면 녹조를 일으키는 생물, 남세균도 파괴돼 자라지 못한다. 하지만 올림픽 수영장 관리업체는 염소 소독과 더불어 개막식 당일 과산화수소(H_2O_2) 80L를 들이부었다. 과산화수소 자체도 세균을 죽이는 역할을 한다. 상처에 과산화수소를 바르는 이유다.

과산화수소는 강력한 산화력을 갖고 있기 때문에 남세균 성장을 억제할 수 있어 환경친화적인 살조제(algicide)로 간주된다. 남세균 종에 따라서 과산화수소에 더 민감한 종이 있다.

녹조의 번성, 남세균 탓인가 사람 잘못인가

그런데 남세균 농도가 높으면 과산화수소의 효과가 떨어지기도 한다. 녹조가 심하고 덜한 정도를 타내는 지표인 엽록소a 농도가 L당 50μg(마이크로그램, 1μg=100만분의 1g)일 때는 L당 5mg의 과산화수소만 있어도 남세균의 성장을 억제할 수 있는 반면, 엽록소 a 농도가 약 100μg/L로 증가하면 10~20mg/L의 과산화수소가 필요하다.

관리업체로서는 수영장 물을 더 깨끗하게 유지하려고 염소 소독에 더해 과산화수소까지 풀었겠지만 이게 문제를 일으켰다. 과산화수소로 남세균을 제거한다고 해도 너무 많은 양을 넣은 것이다. 실제 필요한 양의 6배 정도를 수영장에 넣었다. 결국 너무 많이 들어간 과산화수소가 염소 소독제와 반응했고, 염소 소독제를 완전히 중화시켜버렸다. 세균과 녹조 생물을 제거하는 염소 소독제 역할을 방해한 것이다. 과산화수소도 반응을 통해 소진되는 바람에 제 역할을 할 수 없었다.

평소처럼 염소 소독만 했다면, 수영장에 그처럼 녹조가 심하게 일어나지 않았을 수도 있었다는 얘기다. 과유불급(過猶不及), 지나치면 모자람만 못하다는 얘기가 딱 이런 일을 두고 하는 듯싶다. 결국 강한 햇살, 높은 온도, 염소 소독제의 기능 상실…. 녹조 생물이 자라기 딱 좋은 상황이 되었다. 올림픽 수영장은 녹조 배양장이 된 것이다. 조건이 좋으면 남세균은 이틀에 한 번 번식한다. 10일이면 수백 배로 불어날 수 있는 셈이다. 한번 자란 녹조 생물을 제거하기는 쉽지 않았다.

특히 싱크로나이즈드 스위밍 경기의 경우 선수들의 물속 시야 확보가 중요해서 짙은 녹색 풀에서는 경기에 영향을 미칠 수 있다고 조직위원회는 판단했다. 결국 3,800m³의 물을 교체하는 수밖에 없었다. 수영장 물을 교체하는 데는 꼬박 10시간이 걸렸다. 물을 빼는 데만 6시간, 호스와 펌프를 동원해 물을 채우는 데 다시 4시간이나 걸렸다. 이런 우여곡절을 겪은 끝에 다이빙 종목을 포함한 전체 리우 올림픽 경기는 무사히 끝났다. 다만 이런 소동 탓은 아니었겠지만, 한국선수단 수영 종목 대표팀은 남자 자유형 종목에 박태환 선수 등이 출전했지만 아무런 메달도 따지 못했다.

녹조는 사람의 사정을 봐주지 않는다. 남세균은 자신이 자랄 수 있는 조건만 갖춰지면 언제든지, 빠르게 자란다. 그게 작은 연못이든, 커다란 호수든, 상수원이든 말이다.

2016년 브라질 리우 올림픽 수영 경기장. 과산화수소를 다량 투여한 탓에 녹조가 발생했다.
ⓒ Editorial Getty Images Sport

녹조의 번성, 남세균 탓인가 사람 잘못인가

3.
녹조, 녹색 물결이 일렁이는 것

해마다 여름이면 대청호 같은 호수나 낙동강과 금강 등 보(洑)로 막힌 강에서는 물빛이 짙은 녹색으로 변한다. 녹색 물감이나 페인트를 풀어놓은 것 같고, 심하면 덩어리가 생겨 끈적이기도 한다. 녹조가 발생한 것이다. 녹조라는 말은 강이나 호수, 그리고 바다에 조류(algae)가 자라서 짙은 녹색을 띤 것을 말한다. 녹색의 물결이 일렁인다는 의미다. 녹조란 용어는 적조에 대비되는 말이다. 적조는 바다 혹은 강과 호수에서 조류가 자라 물이 붉은색을 띤 것을 말한다. 참고로 적조는 주로 바다에서 생기지만 간혹 민물에서도 생긴다. 이 적조를 영어로 'red tide'라고 부르는데, 이에 비슷하게 녹조를 영어로 'green tide'라고 부르기도 하지만 흔히 사용하지는 않는 용어다.

녹조는 보통 조류 대발생, 조류 대증식(algal blooming)이라고 한다. 일본이나 중국에서는 이를 수화(水華, water blooming)라고 한다. 아무튼 조류가 많이 자랐다는 뜻이다. 조류는 광합성을 하는 생물이고, 물 위에 떠다니는 경우 플랑크톤, 특히 식물성 플랑크톤(phytoplankton)이라고 한다. 조류에는 여러 종류가 있다. 규조류나 녹조류도 있으며, 적조를 일으키는 와편모조류(dinoflagellate)도 있다. 남세균(cyanobacteria)도 조류의 하나인데, 남조류(blue-green algae)로도 불린다. 남세균이 대대적으로 번식하면 물은 짙은 청록색 물감이나 페인트를 풀어놓은 것처럼 된다.

녹색 조류를 의미하는 녹조류(green algae)가 대대적으로 번성했을 때도 녹조라고 하지만, 대부분의 강과 호수, 바다에서 생기는 녹조는 남세균의 번식으로 인한 경우가 많다. 현상으로서의 녹색 물결, 즉 녹조(綠潮)와 생물의 종류로서의 녹색 조류, 녹조(綠藻)는 발음이 같지만, 한자나 뜻은 다르다. 이 책에서는 특별한 설명이 없는 한 녹조는 녹조(綠潮)를 의미한다.

녹조와 비슷한 개념으로 유해 조류 대발생(harmful algal blooming, HAB)이라는 것이 있다. 독소를 생성하는 독성 조류가 바다나 호수, 강에서 대대적으로 번식하면서 생태계 생물들에게 악영향을 준다. 독소에 오염된 물이나 공기, 오염된 물고기나 해산물을 먹는 경우 사람에게도 피해를 줄 수 있다. 녹조이든 유해 조류 대발생이든 조류가 대대적으로 발생하는 데는 여름철 높은 수온과 강한 태양광이 필요하지만, 인간의 영향이 작용하는 경우가 많다. 인간 활동으로 인한 과도한 영양분이 강과 호수, 바다에 공급되기 때문이다.

녹조가 대대적으로 발생한 다음에는 조류가 사멸하는 단계로 이어진다. 조류가 사멸하면 그때 만들어진 유기물이 세균 등에 의해 분해가 되면서 산소 고갈로 이어질 수 있다. 산소가 고갈되면 물고기와 다른 수생 생물의 죽음을 초래할 수 있다. 녹조가 발생한 물에서는 악취가 발생할 수도 있고, 녹조 생물이 생산한 독소도 들어있을 수 있어 수돗물 생산 과정에서 이를 제거하느라 어려움을 겪을 수 있다.

특히, 이명박 대통령 정부 때 추진한 4대강 사업에서는 한강 등에 16개 보를 쌓으면서 강이 호수로 바뀌었다. 녹조가 발생하면 강은 거대한 '오염 호수'로 바뀐다. 녹조가 발생해 수면에 가까운 표층수는 알칼리성으로 변하고, 강 바닥층의 물은 산소가 고갈된다.

다음은 2014년 7월 『중앙일보』에 필자가 쓴 기사다. 낙동강에서 발생한 녹조 실태를 보여주는 내용이다.[5] 녹조가 발생하면 강 생태계가 얼마나 바뀌는지 알 수 있다.

> 23일 오전 대구시 달성군 인근의 낙동강 중류에 설치된 강정고령보(洑). 국립환경과학원 낙동강물환경연구소와 한국환경공단 경북권지역본부 직원 8명이 폭염 와중에 오염방제선을 타고 강물 시료 채취에 나섰다. 현장을 동행 취재한 기자가 마지막 시료 채취 지점인 보 상류 1km 지점(수심 9m)에서 "수심 1m 간격으로 용존산소(DO)와 산성도(pH)를 측정해 달라"고 조사팀에 특별 주문했다. 측정 결과를 보니 표층의 pH 값은 8.9로 중성(pH 7)에서 크게 벗어나 알칼리성이었다. 하천·호수 수질 기준(pH 6~8.5)마저 초과한 수질 기준 6등급(매우 나

2017년 7월 낙동강 구지 오토캠핑장 인근에 발생한 녹조

녹조의 번성, 남세균 탓인가 사람 잘못인가

뿜)에 해당했다.

　용존산소, 즉 물에 녹은 산소 농도는 표층에서 10.7ppm 이었으나 수심 8m에서는 0.3ppm으로 크게 줄었다. 산소가 거의 고갈된 상태였다. 수심 7m보다 아래쪽은 용존산소가 2ppm 미만으로 수질 6등급(매우 나쁨)이었다. 2ppm 미만이면 물고기가 살 수 없는 오염된 물이다. 녹조를 일으킨 남조류(남세균) 사체가 물속에 가라앉고, 이것이 미생물에 의해 분해되면서 산소가 고갈되었기 때문이다.

　전문가들은 "저층에서 산소가 고갈되면 퇴적토에서 암모니아·황화수소 같은 유해물질이 배출돼 물고기 떼죽음으로 이어질 수 있다"라고 지적한다. 또 인산염 같은 영양물질이 녹아나와 녹조를 악화시킬 수도 있다.

　유속이 빠른 강에서는 보통 녹조가 생기지 않는다. 정체된 강에서 녹조가 생기고, 녹조가 생긴 강은 일반적인 강의 모습과는 사뭇 다르다. 산소가 고갈된 '죽음의 강'이 되기 십상이다.

4.
클로렐라부터 우뭇가사리까지 다양한 조류

강이나 호수, 연못, 바다 등 수생태계에서 광합성을 하는 생물을 조류(algae)라고 한다. 여기에는 작은 단세포 생물에서 대형 해초에 이르기까지 다양한 생물이 포함된다. 이들은 햇빛과 영양분을 이용해 유기물을 만드는 광합성을 하고, 이를 통해 다른 생물에게 유기물을 제공하기 때문에 생태계에서 생산자로서 중요한 역할을 한다.

물에서 자라지만 수생식물(aquatic plants)은 뿌리, 줄기, 잎이 있고, 줄기에 관다발이 있다는 점에서 조류와는 구별이 된다.

남세균도 물에서 광합성을 한다는 점에서 수생 생태계에서 다른 진행생물 조류와 같은 역할을 한다. 전통적으로 남조류라고 불렀던 것처럼 조류학 교과서에서도 남세균을 다른 조류들과 나란히 놓고 비교하면서 조류의 한 종류로 설명하기도 한다.

녹조의 번성, 남세균 탓인가 사람 잘못인가

이 책의 주제인 남세균은 뒤에서 보게 되겠지만, 진핵생물인 다른 조류들과 달리 원핵생물이다. 다른 조류들과 뚜렷이 구별되는 특징이다. 그래서 이름도 남세균이다.

남세균의 특징을 알아 보기에 앞서 다른 조류들과 어떤 차이를 살펴볼 필요가 있다. 비교적 흔하게 접할 수 있는 조류를 크기나 모양, 색소(색깔), 생체 구성 성분에 따라 쉽게 구분하자면 다음과 같이 분류할 수 있다.[6, 7]

녹조류(green algae)

클로렐라 같은 단세포 생물에서 청각·파래 같은 다세포 해조류에 이르기까지 1만 종 이상의 다양한 생물이 포함된다. 육상식물과 유사하게 광합성 색소인 엽록소(chlorophyll)a와 엽록소b를 갖고 있어 녹색을 띤다. 진핵생물인 녹조류는 육상식물과 마찬가지로 세포 내에 광합성을 담당하는 엽록체(chloroplast)를 갖고 있다. 녹조류 중에서도 마리모(Marimo, 학명 *Aegagropila linnaei*)는 긴 실모양이지만 일본의 아칸 호수 등 차가운 물에서 종종 아름다운 공모양으로 자라 '호수의 공(lake ball)'으로 불린다.

갈조류(brown algae)

미역, 다시마, 톳처럼 일반적으로 바다에서 발견되는 다세포 해조류이며 갈색을 띤 것이 특징이다. 엽록체를 갖고 있으며, 엽록소a와 c 외에도 푸코산틴(fucoxanthin)과 비올라산틴(violaxanthin) 등 갈색 계통의 색소를 갖고 있다. 전 세계적으로 약 2,000종이 알려져 있다. 갈조류 중에서 켈프(kelp)는 미국 캘리포

호주 태즈메이니아 동쪽 해안의 썰물 때 바위 위로 올라온 켈프 ⓒ Chris Ison(shutterstock)

니아 남부 바다 등지에서 최대 60m까지 자라며 거대한 수중 숲을 형성하기도 한다. 모자반(*Sargassum*)도 갈조류에 속한다.

홍조류(red algae)

우뭇가사리나 김처럼 대부분 해양에서 발견되는 다세포 생물이고 일부는 담수 생태계에서도 발견된다. 약 7,000종에 이르는 이들 홍조류는 빛에너지를 흡수하는 붉은 색소 피코에리트린(phycoerythrin)을 갖고 있고, 이 붉은 색소가 엽록소를 가리기 때문에 붉게 보인다. 홍조류 중에는 산호충과 공생을 이루는 종도 있다.

규조류(diatom)

수분을 함유한 실리카, 즉 함수 이산화규소(SiO_2) 껍질(세포벽)

녹조의 번성, 남세균 탓인가 사람 잘못인가

을 가진 단세포 생물로 담수와 해양 양쪽에서 모두 발견된다. 원형이나 타원형, 럭비공, 원기둥 등 다양한 형태를 갖고 있으며, 최대 20만 종에 이르는 것으로 추정된다. 규조각(frustule)이라고 불리는 세포벽은 두 개의 부분으로 구성되는데, 하나는 약간 크고 하나는 약간 작다. 이분법으로 나눠지는 무성생식 때에 새로 생긴 두 개의 딸세포가 규조각 중에서 하나씩 나눠 갖고, 분열과정에서 나머지 부분을 새로 만든다.

와편모조류(dinoflagellate)

엽록소a와 엽록소c, 베타(β)-카로틴, 크산토필계 페리디닌(peridinin) 등의 색소를 갖고 있다. 서로 다른 운동을 하는 두 개의 편모를 갖고 있다. 광합성을 하는 독립영양 외에 세균 등을 포식하기도 하는 종속영양을 취하기도 한다. 일부는 광합성과 포식을 함께하는 혼합영양 생물(mixotrophs)인 경우도 있다. 식물성 플랑크톤으로 해양이나 호수에서 대대적으로 자랄 경우 적조(red tide)로 이어지기도 한다. 일부 와편모조류 중에는 생물발광(bioluminescence)으로 빛을 내기도 하고, 산호충과 공생 관계를 유지하는 것도 있다.

남세균(cyanobacteria)

남조류(blue-green algae)라고도 알려진 작은 단세포 생물로 군체(colony)를 형성할 수 있다. 담수 및 해양 환경에서 발견된다. 규조류나 녹조류, 와편모조류 등과 달리 세포 내에 별도의 핵이 존재하지 않는 원핵생물이다. 남세균 중에서도 아나베나(Anabaena)

같은 종류는 세포들이 긴 사슬을 이루고, 마이크로시스티스(Microcystis) 같은 것은 여러 개 세포가 모여 공처럼 뭉치기도 한다. 남세균 중에서는 대기 중의 기체 질소(N_2)를 성장에 필요한 성분으로 바꾸는 질소고정(N_2 fixation) 능력도 갖추고 있다. 주변 세포와 형태가 다른 이형세포(異形細胞, heterocyst)를 갖는 경우도 있다.

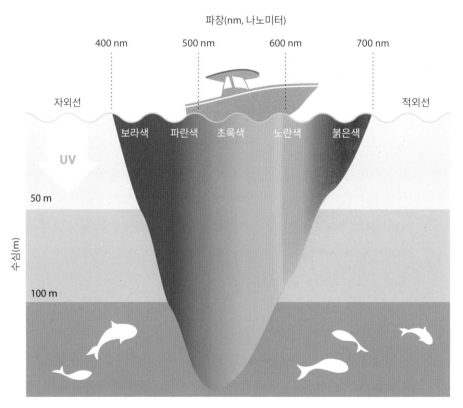

미국 슈피리어 호수에서 광선 투과(맑은 날씨, 깊은 곳). 바다나 호수 모두 파장에 따라 광선이 투과할 수 있는 깊이가 다르다.. University of Minnesota Sea Grant Program의 자료를 다시 그림

녹조의 번성, 남세균 탓인가 사람 잘못인가

바다 수심에 따른 조류 분포

해양에서 발견되는 대형 부착 조류는 수심에 따라 다르게 나타난다. 물의 깊이에 따라 통과할 수 있는 빛의 파장이 다르기 때문이다. 햇빛이 수층에 들어가면 물 분자나 다른 입자에 의해 흡수되거나 흩어진다. 태양광 중에서도 파장이 짧은 보라색 빛이나 파장이 긴 붉은색 빛은 더 쉽게 흡수되거나 산란되는 반면, 파장이 중간인 노란색, 녹색, 파란색 빛은 깊은 곳까지 침투할 수 있다.[7]

녹조류의 경우 일반적으로 광합성에 사용할 수 있는 햇빛이 더 많은 얕은 물에서 발견된다. 그들은 해변과 넓은 바다의 최상층에서 찾을 수 있다. 얕은 물에서 파란색 빛(430nm) 파장, 1nm(나노미터, 1nm=100만분의 1mm)과 붉은색 빛(640nm)을 흡수하도록 적응돼 있으며, 일부는 녹색 빛(500~550nm)을 흡수하기도 한다.

갈조류는 녹조류보다는 깊고 차가운 곳에서 자란다. 더 깊은 곳에서도 자랄 수 있지만 보통은 10~20m 수심에서 발견된다. 파란색(450nm)과 녹색(500~550nm), 노란색(560~600nm) 빛을 가장 효율적으로 흡수한다.

홍조류는 녹조류가 자랄 수 없는 빛이 적은 깊은 물에서도 자라는데, 일부는 최대 200m 수심에서도 발견된다. 홍조류는 파란색(450nm)과 녹색(500~550nm) 빛을 흡수한다. 홍조류가 붉게 보이는 것은 다른 파장의 빛을 흡수하면서 붉은색 빛을 반사하는 피코빌린(phycobiline)이라는 색소를 함유하고 있기 때문이다. 피코빌린 색소인 피코에리트린은 붉은색 빛을 반사하고 청색과 녹색 빛을 흡수한다.

5.
히치콕 감독의 영화에서
새들이 미친 이유는?

1963년에 제작된 앨프리드 히치콕 감독의 영화 「새(The Birds)」에는 수많은 새들이 창문을 깨고 집 안으로 들어오려고 하고, 사람을 공격해 다치게 하는 장면이 나온다. 이 영화는 완전 허구가 아니라 어느 정도 실화를 바탕으로 하고 있다.

히치콕은 1952년에 나온 대프니 듀 모리에의 단편소설에서 영화의 힌트를 얻긴 했지만, 실제로는 1961년 8월 18일 미국 캘리포니아 북부 몬터레이만 지역 신문에 보도된 내용에서 영향을 받은 것으로 알려졌다. 당시 이 신문은 수천 마리의 미친 바닷새들이 해안지역에서 목격됐다고 보도했다. 검은슴새로 밝혀진 이 새들은 먹은 멸치들을 토해내고 사방의 물체에 마구 돌진했으며 무더기로 거리에서 죽었다고 한다. 새들이 죽은 정확한 원인은 밝혀지지 않았는데, 당시 이 지역에 살았던 히치콕은 실제 상황과는

녹조의 번성, 남세균 탓인가 사람 잘못인가

다르게 사람을 공격하는 새 떼 모습을 영화에 담았다.

30년 후인 1991년에 같은 지역에서 또 다른 집단 중독 사건이 발생했다. 갈색 펠리컨이 물고기를 잡아먹고 방향감각을 잃고 죽어갔다. 이번에는 과학자들이 나서 범인을 찾아냈다. 규조류의 일종인 슈도-니치아(*Pseudo-nitzschia*)가 신경독인 도모산(domoic acid)을 생성하고, 펠리컨이 그것을 섭취한 탓이라는 게 확인됐다.

새들의 죽음은 히치콕의 영화 「새」에 영감을 주었다. ⓒ wikimedia

이처럼 남세균이 아닌 규조류도 독소를 만들 수 있다. 남세균만 유일한 악당은 아니다. 슈도-니치아는 적조를 일으키는 종류다. 독소인 도모산은 글루탐산(glutamic acid)과 화학적으로 유사한데, 뇌의 글루탐산 수용체와 잘 결합하는 것으로 알려졌다.

과학자들은 펠리컨의 먹이인 물고기 배 속에서 이 규조류와 관련 독소를 찾아냈다. 이에 따라 1961년 검은슴새 사건도 규조류에서 생성된 도모산이 원인으로 지목됐지만, 직접적인 증거가 없어 미스터리는 완전히 풀리지 않았다. 10여 년의 세월이 흘러 2012년에 새로운 연구 결과가 나오면서 1961년 새들이 방향감각을 상실하게 된 원인이 50년 만에 밝혀지게 됐다. 미국 루이지애나주립대학 해양생물학 연구팀은 1961년 당시 몬터레이만의 바닷물을 독성 플랑크톤 슈도-니치아가 오염시켰음을 확인한 것이다. 연구팀은 이런 내용의 논문을 『네이처 지오사이언스(Nature Geoscience)』 저널 2012년 1월호에 발표했다.[8]

연구진은 1961년 7~8월 사이 몬터레이만 지역에서 채집돼 스크립스 해양연구소에 보존돼 온 동물성 플랑크톤을 분석한 결과, 규조류인 슈도-니치아속(屬, genus)에 속하는 여러 종이 만들어내는 도모산을 검출했다. 특히 당시에 폐사한 작은 동물성 플랑크톤의 장내에서 발견한 규조류 가운데 79%가 독소를 만들어내는 슈도-니치아 종으로 밝혀졌다. 당시 이 지역에서 지내던 철새인 검은슴새가 독소가 농축된 멸치나 오징어를 먹고 광란을 일으킨 것으로 보인다고 연구팀은 밝혔다.

1961년 여름 몬터레이만의 따뜻한 물과 잔잔한 바람이 슈도-니치아가 번식하기에 최적의 조건을 제공했던 것으로 연구팀은 추정했다. 유해한 규조류의 도모산은 동물성 플랑크톤, 조개, 물고기 등 먹이사슬을 거슬러 올라가면서 점점 더 농축됐다. 바로 생물 농축(biomagnification) 현상이다. 새들의 몸에도 도모산이 쌓이게 됐고, 새들은 혼란과 방향 상실, 가려움증, 발작에 시달렸고, 여기 저기 부딪혀 죽기도 했다. 연구진은 1961년 당시 새들이 사람을 공격한 것처럼 보였겠지만, 실제로는 건물이나 벽 등에 부딪힌 것이며 이는 새들이 방향감각을 상실했기 때문이라고 지적했다.

도모산은 사람을 포함한 포유류에도 영향을 미친다. 조류를 먹고 몸에 도모산이 쌓인 조개 등을 사람이 먹으면 단기 기억상실을 일으킬 수도 있다. 슈도-니치아가 적조를 일으키면 해안을 폐쇄

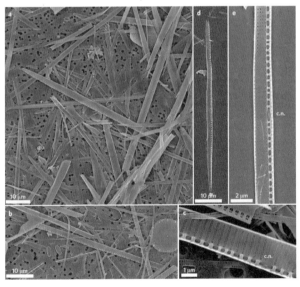

히치콕의 영화처럼 새가 광란을 일으키도록 만드는 유독성 규조류 슈도-니치아. 1961년 7~8월 캘리포니아 몬터레이만에서 수집한 동물성 플랑크톤 장 내용물을 주사 전자 현미경으로 촬영해서 얻은 이미지다(자료: Bargu et al., 2012).

하는 경우도 있다. 1989년 캐나다 프린스 에드워드섬에서 도모산에 오염된 홍합을 먹고 4명이 사망한 사례도 있다.

같은 루이지애나주립대 연구팀은 태평양 먼바다에서 채집한 바닷물 표본에서 슈도-니치아와 상당량의 도모산을 발견했다는 내용의 논문을 2010년 11월 『미국립과학원회보(National Academy of Sciences, PNAS)』에 발표하기도 했다.[9] 도모산의 경우 먹이사슬에 들어가면 일부 어장의 폐쇄를 가져올 수 있고, 오염된 물고기를 먹는 해양 포유동물과 조류 역시 오염될 수 있어 주목을 끌었다.

연구팀은 태평양에서 슈도-니치아가 대량으로 자란 것은 그보다 10여 년 전부터 소규모로 실시돼 온 철분 투여 실험의 부작용이라고 지적했다. 철분이 부족한 먼바다의 바닷물에 철분을 첨가해 식물성 플랑크톤을 증식시키는 방식으로 온난화를 완화한다는 지구공학적 실험 아이디어는 기대를 모았지만, 바다의 독성 조류를 증식시킬 것이라는 우려도 낳았다. 또한 연구팀은 철분 투입 실험이 진행되는 태평양 먼바다 해역에서도 조사를 진행했는데, 철분 농도가 높아진 먼바다에서는 독소 농도가 높게 나타났음을 확인했다. 어떤 곳에서는 해양 포유류와 조류가 폐사하기도 했다.

결국 슈도-니치아의 발생은 철분의 증가가 원인으로 밝혀졌다. 바닷물에서 철분 농도가 증가하는 현상이 자연적으로 일어날 수도 있다. 바람에 실려 온 먼지나 다른 기상 현상, 또는 지질 현상으로 인해 바닷물 표면의 철분 농도가 증가할 수도 있다.

도모산에 중독된 새를 보고 영화를 만든 히치콕이 만일 슈도-니치아가 아닌 남세균을 소재로 영화를 만들었다면 흰머리수리가 픽픽 쓰러지는 그런 장면이 나오지 않았을까.

6.
남세균이란 이름은 적절한가?

해마다 여름이면 대청호 같은 호수나 낙동강과 금강 등 보(洑)로 막힌 강에서는 물빛이 짙은 녹색으로 변한다. 녹색 물감이나 페인트를 풀어놓은 것 같고, 심하면 덩어리가 생겨 끈적이기도 한다. 남세균(藍細菌, cyanobacteria)이 일으킨 녹조다.

그런데 남세균이란 이름은 적절한 것일까. 남세균이란 말은 남조류를 대체해 몇 해 전부터 국내에서도 조금씩 사용되고 있다. 구글로 검색해보면, 일본에서는 남조류란 용어를, 중국에서는 남세균이란 용어를 선호하는 것으로 보인다. 남색(藍色)은 '푸른빛을 띤 자주색. 또는 그런 색의 물감'을 뜻한다. 쪽빛이라고도 하며, 다소 짙은 파란색이다.

그렇다면 강과 호수의 남세균은 짙은 파란색일까? 물론 아니다. 남조류는 영어로 'blue-green algae'라고 부르는 것처럼 파란색과 녹색을 섞은 청록색의 조류다. 실제로 강과 호수에서 이들을 보면 밝은 녹색을 띤다. 이들이 청록색을 띠는 것은 피코시아닌(phycocyanin)이란 특유의 색소를 갖고 있기 때문이다. 남색을 띠지 않기 때문에 '청록조류'가 맞는 말이긴 하다. 이 '청록조류'는 세균과 같이 원핵생물이어서 남세균이란 말이 붙었다. '청록조류'는 원핵생물이지만 산소를 만들어내는 광합성을 한다. 이들은 오랜 지구 역사에서 산소를 만들어내는 역할을 맡았으며, 덕분에 지구 역사에서 중요한 위치를 차지하고 있다.

시아노박테리아(남세균)란 이름도 청색을 뜻하는 '시안(cyan)'과 세균을 의미하는 '박테리아(bacteria)'가 합쳐서 된 말이다. 학명이나 영명의 'cyano-'는 청색을 의미하는 그리스어 'κυανός(kyanós)'에서 유래했다. 하지만 강과 호수에서 우리가 보는 남세균의 색깔은 시안(cyan)도 아니고 그린(green)도 아니다.[10, 11] 'blue-green'란 말을 처음 접한 그 누군가가 청색과 녹색을 섞으면 남색이 될 것이라고 생각한 것일까? 하지만 실제로 청색과 녹색을 섞으면 남색 대신 청록색이 된다.

그런데도 남조류라고 한 것은 한 글자로 만들어야 한다는 강박관념 때문에 청록이라고 해야 할 자리에 남(藍)자를 억지로 욱여넣지 않았을까. 잘 알려진 녹(綠)조류와 갈(褐)조류, 홍(紅)조류, 규(硅)조류 등과 운(韻)을 맞추기 위해서였을까. 물론 규조류의 규(硅)는 색깔이 아니라 성분, 즉 규소를 의미하지만 말이다.

새로 만든 중국 한자 중에 '시안'을 의미한 청(氰)자도 있다. 청산가리 등에 사용하는 한자다. 그렇다고 이 한자를 붙여 청(氰)조류, 청(氰)세균으로 부르는 것도 적절해 보이지는 않는다. 물론 남

단순한 모양, 실 모양

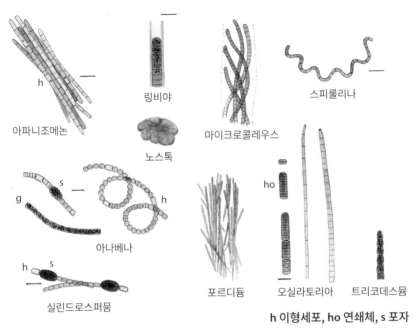

h 이형세포, ho 연쇄체, s 포자

단세포 혹은 군체

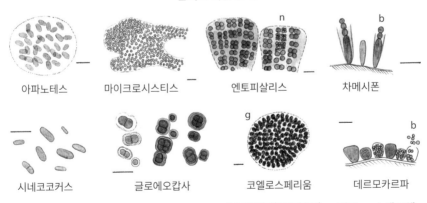

b 베오사이트(생식세포), g 기포, n 소세포체

다양한 남세균 종류(그림 옆의 선은 1μm 길이를 나타낸다) ⓒ Allan Pentecost (wikimedia)

세균이 만드는 독소 중에 마이크로시스틴-LR 같은 것은 청산가리보다 강한 독을 가졌지만 말이다.

한국에서는 청산가리, 청산칼륨에 청산(靑酸)이란 글자를 쓴다. 청(氰)이 아닌 청(靑)자를 써왔다. 그렇다고 해서 남세균을 청(靑)조류, 청(靑)세균이라고 부르기도 어색하다. 파란색이 아닌 다음에야 남조류라고 부르는 것과 별 차이가 없다. 물론 청산(靑山)이나 청춘(靑春)을 말할 때 청(靑)은 파랑보다는 녹색을 의미한다. 그렇다고 '녹(綠)세균'이라고 부르기도 어렵다. 산소를 만들지 않으면서 광합성을 하는 세균을 'green bacteria'라고 부르기 때문이다.

한편, 남세균은 청록색만 띠는 것은 아니다. 종류에 따라 짙은 녹색, 올리브색, 오렌지색, 붉은 고동색을 가진 것도 있다. 남세균은 물에서만 사는 것이 아니다. 강이나 호수, 바다에서 녹조를 일으키지만, 토양에서도 살아간다. 대표적인 사례가 2020년 국립대전현충원 묘역에서 대량 발생해 주목을 끌었던 생물체, 희귀 남조류인 '구슬말'이다. 환경부 국립생물자원관이 이 생물체의 정체를 밝혀냈다. 구슬말은 땅 위에서 살아가는데, 끈적하게 보이는 황록색의 군체를 형성한다. 대전현충원에서 대량 발생한 구슬말을 유족들이 없애달라는 민원을 제기하기도 했다.[12, 13]

지금까지 남조류이란 이름이 널리 사용됐고, 최근에는 남세균이란 이름도 많이 사용되고 있어서 확실한 대안이 없는 한 앞으로도 남조류, 남세균이라는 이름은 시아노박테리아란 명칭과 더불어 계속 사용될 것 같다.

7.
남세균은 모두 몇 종이나 될까?

~~~~~~~~

　남세균이 지구상에 등장한 것은 35억 년 전이다. 그 오랜 시간 동안 남세균은 진화를 거듭했고, 종류도 다양해졌다. 현재 남세균은 150여 속(屬, genus)의 3,800여 종(種, species)으로 구분된다.

　남세균은 생물 분류체계에서 세균역(細菌域, domain Bacteria)에 속하는 생물이다. 현대 생물학 분류체계는 크게 3개의 역(域, domain), 6개의 계(界, kingdom)로 구분한다. 3개의 역은 바로 진핵생물역과 세균역, 고세균역이다.

　세포 내에 핵이 별도로 존재하는 생물을 묶어놓은 진핵생물역에는 동물계와 식물계, 균계(곰팡이·버섯), 원생생물계(아메바·섬모충등) 등 4개의 계가 있다. 남세균이 들어있는 세균역은 세포 내에 핵이 별도로 없는 원핵생물을 모아놓은 것이고, 그 안에 계는 세균계 하나뿐이다.

고세균역(古細菌域, domain Archea)에도 계는 고세균계 하나뿐이다. 고세균도 핵이 없는 원핵생물이지만, 세포막을 구성하는 지질 성분이나 세포벽 구성에서 세균과 차이가 많다. 높은 온도나 높은 염도 등 아주 오랜 옛날 지구와 비슷한 환경에서 자라는 종류라서 세균과 구별되는 특징을 가지고 있다.

아무튼 남세균은 세균역, 세균계에 속하며, 그중에서도 남세균문(門, phylum Cyanobacteria), 남세균강(綱, class Cyanophyceae)에 속한다. 남세균강은 전통적으로 형태에 따라 5개 그룹 혹은 목(目, order)로 나뉜다. 바로 남구슬말목(Chroococcales)과 굳은막말목(Pleurocapsales), 흔들말목(Oscillatoriales), 염주말목(Nostocales), 여러줄말목(Stigonematales)이다. [10, 11]

남구슬말목은 단세포로 군체(colony)를 형성하며, 굳은막말목은 세포 내부에 포자(baeocyst)를 형성하고, 흔들말목은 세포가 일렬로 배열된다. 염주말목과 여러줄말목은 질소를 고정하는 이형세포(heterocyst)를 생성하며, 여러줄말목은 여러 갈래로 뻗어서 자란다.

환경부에서는 유해 남세균(남조류)으로 4가지 속을 정해놓고 있는데, 바로 마이크로시스티스(*Microcystis*)와 오실라토리아(*Oscillatoria*), 아나베나(*Anbaena*), 아파니조메논(*Aphanizomenon*)이다.

마이크로시스티스속은 남구슬말목, 마이크로시스티스과에 속하며, 오실라토리아는 흔들말목, 흔들말과에 속한다. 아나베나는 돌리코스퍼뮴(*Dolichospermum*)으로도 불리는데, 염주말목, 염주말과에 속한다. 아파니조메논도 염주말목에 속하지만, 아파니조메논과에 속한다. 이들 유해 남세균 4속의 특징은 표와 같다. 마이크로시스티스는 한여름에 잘 자라는 편이고, 아파니조메논은 비

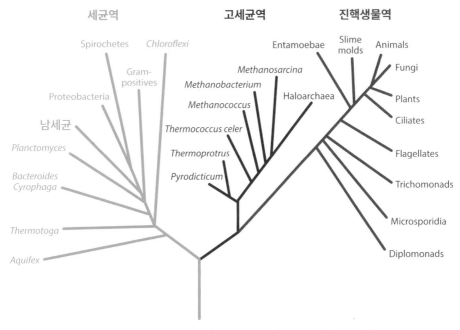

세균역 　 　 고세균역 　 　 진핵생물역

생물은 3개의 역으로 구분되고, 남세균(cyanobacteria)은 그중에서도 세균역(domain Bacteria)에 포함된다.

교적 수온이 낮은 가을철이나 초겨울에도 잘 자란다.

　환경부 국립환경과학원은 2022년 5월 열대성 유해 남세균을 낙동강 등 국내에서 새로 발견했다고 발표했다. 새로 발견된 열대성 유해 남세균은 염주말목에 속하는 사상성(실 모양) 남세균들인데, 실린드로스퍼몹시스속(Cylindrospermopsis)의 2종과 쿠스피도쓰릭스속(Cuspidothrix)과 스페로스퍼몹시스속(Sphaerospermopsis)의 각 1종 등이다.[14] 환경과학원은 "기후변화로 열대성 유해 남세균이 낙동강 등 국내 수계에 출현 가능성이 점점 높아지고 있다"라고 설명했다.

　남세균 중에는 물속이 아닌 땅 위에 서식하는 경우도 있다.

이런 남세균은 과거 국립생물자원관의 조사에서도 확인된 바 있다. 땅 위 남세균 중에서 구형인 시아노살시나 크루코이데스(*Cyanosarcina chroococcoides*)는 남구슬말목에, 마이크로콜레우스(*Microcoleus vaginatus*)는 흔들말목에 속한다. 시네코콕스목(Synechococcales)에 속하는 시아노파논(*Cyanophanon mirabile*)은 다른 조류의 표면에 서식하고, 염주말목에 속하는 톨리포트릭스(*Tolypothrix carrinoae*)는 이형세포를 형성한다.

남세균은 과거 일부 생태학적·생화학적 특성을 반영하면서 기본적으로 현미경 관찰을 통해 형태학적으로 분류했으나, 최근에는 유전자 분석을 통해 종을 구별하는 방식을 많이 사용하고 있다. 이른바 게놈에 기초를 둔 분류학이다.

남세균처럼 미세한 생물은 현미경으로 분류하는 것보다 리보좀(세포 내에서 단백질을 합성하는 곳)의 RNA(리보핵산)인 16S rRNA 염기서열을 바탕으로 분류할 경우 훨씬 정확하게 분류할 수 있다. 16S rRNA의 염기서열을 이용하면 진화적 변화를 밝히고 계통을 이해하는 데도 도움이 된다.

구분	마이크로시스티스 (*Microcystis*)	아나베나 (*Anabaena*)	오실라토리아 (*Oscillatoria*)	아파니조메논 (*Aphanizomenon*)
현미경 사진				
단위세포 형태	길이 4~8μm 구형 혹은 타원형	길이 7~15μm 구형 혹은 타원형	직경 4~6μm 길이 2.5~4μm 원통형	직경 4~6μm 길이 5~15μm 원통형
군체 형태	수백~천여 개의 단위세포가 모여 군체를 형성	세포가 염주 형태로 나선형 혹은 직선으로 연결	단위세포가 실 모양으로 일렬로 연결	단위세포가 실 모양으로 일렬로 연결, 군체 형성
생활상	세포 내에 공기주머니가 있어 수표면에 부유하면서 성장	세포 내에 공기주머니가 있어 수표면에 부유하면서 성장	세포 내에 공기주머니가 있어 수표면 혹은 수중에 부유	세포 내에 공기주머니가 있어 수표면에 부유
최적 성장온도	25℃~35℃(고온성)	20℃~25℃	20℃ 이하	20℃ 전후
발생시기	늦봄~늦가을	봄, 초여름, 가을	봄~가을	봄, 가을, 초겨울
독성물질	마이크로시스틴 (microcystins)	마이크로시스틴 (microcystins), 아나톡신(anatoxin)	마이크로시스틴 (microcystins), 아나톡신(anatoxin)	삭시톡신(saxitoxins)
영향	간독소, 곰팡내, 흙냄새	간독소, 신경독소, 곰팡내, 흙냄새	간독소, 신경독소, 곰팡내, 흙냄새	신경독소, 곰팡내, 흙냄새

(자료: 환경부 물환경정보시스템)

8.
남세균은 어디서 살까?

~~~~~~~~

오래전 지구상에 모습을 드러내 지금까지 살아오고 있는 남세균은 정말 지구 곳곳에 퍼져 살고 있다. 강, 호수 같은 담수는 물론 바닷물에서도 살고, 토양에서도 살아간다. 심지어 온천과 같은 뜨거운 곳이나 남극 얼음과 같은 극한 환경에서도 발견된다.

남세균은 우선 담수와 바닷물 같은 수생태계에서는 광합성을 하는 생산자로서 역할을 한다. 태양에너지를 이용해 이산화탄소(CO_2)를 유기물로 전환하며, 남세균이 생산한 유기물은 다른 생물이 탄소원, 즉 에너지원으로 이용하게 된다. 남세균이 먹이그물(food web)을 떠받치고, 영양 순환에서도 중요한 몫을 담당하는 것이다.

남세균은 암석이나 식물의 표면에 생물막(biofilm)을 형성해 영양물질 순환과 토양 발달에 기여할 수도 있으며, 곰팡이와 함께 지

의류(lichen)를 이루어 함께 살아가는 것처럼 다른 생물들과 공생도 한다.[15]

　토양에서 살아가는 남세균은 토양을 비옥하게 하고 영양물질 순환에 중요한 역할을 하는 것으로 알려져 있다. 염주말목이나 여러줄말목에 속하는 남세균은 두꺼운 벽으로 된 세포인 아키네트 (akinete)라고 하는 포자와 유사한 특수한 구조를 형성함으로써 가혹한 토양 환경조건에서도 생존할 수 있다. 아키네트는 불리한 조건에서 생존할 수 있도록 예비 물질을 보유하고 있는 세포다. 아키네트는 춥거나 건조한 상태에서 몇 년 동안이나 휴면(dormancy) 상태를 유지할 수 있으며 성장에 유리한 조건이 갖춰지면 발아할 수 있다.

　토양의 남세균은 군체(colony)나 생물막을 형성해 환경 스트레스로부터 스스로를 보호하고 영양분 흡수를 향상시킬 수 있다. 이들은 대기 중의 질소(N_2)를 고정해 자신은 물론 토양의 다른 생물에게도 질소를 공급할 수 있다.

　남세균은 얼음, 눈 위 또는 아래와 같이 추운 환경에서도 살 수 있다. 일부 남세균은 호냉성(psychrophilic)으로 알려져 있는데, 이는 이들이 낮은 온도에서 살도록 적응돼 있음을 의미한다. 극지방에 사는 남세균은 눈과 얼음 표면에 촘촘한 매트(mat)를 형성할 수 있으며, 이 때문에 종종 '설조류(snow algae)'라고 불린다. 얼음이나 눈 위에 조류가 자라면 얼음과 눈이 태양 빛을 반사하는 정도인 알베도(albedo, 反射係數)를 떨어뜨리게 된다. 알베도가 떨어지면 태양에너지를 더 흡수하게 돼 온도가 오르고 얼음과 눈이 더 빨리 녹게 된다. 시베리아 산불로 발생한 먼지와 검댕 탓에 얼음이 더 빨리 녹는 것과 같은 이치다. 지구온난화로 기온이 올라 남세균이 자라면 고산지대나 극지방의 빙하가 더 빨리 녹아내리는 상황으로 이어질 수 있다는 얘기다.

이러한 남조류는 눈 환경에 존재하는 강렬한 햇빛과 유해한 자외선(UV)으로부터 자신을 보호하는 특수 색소를 생성한다. 광합성을 하는 남세균은 강렬한 태양 빛, 특히 태양 자외선에 노출될 수 있다. 자외선은 남세균에게도 강한 스트레스가 된다.

남세균은 낮은 온도에서도 세포막의 유동성을 유지하기 위해 막의 지질 함량을 적절하게 조절한다. 남세균의 경우 세포 바깥에서 세포를 둘러싸고 있는 '세포 외 고분자물질(extracellular polymeric substance, EPS)'이라는 두꺼운 덮개를 갖고 있다. 이 EPS는 남세균을 자외선으로 보호할 뿐만 아니라 세포가 건조해지는 것을 막아주기도 한다. 남세균은 방사성 동위원소가 내는 방사선에도 비교적 잘 견디는 것으로 알려졌다.

일부 남세균은 얼어붙은 강과 호수의 얼음 아래에서도 생존할 수 있다. 이러한 환경에서 그들은 얼음 밑면에 생물막을 형성하며, 햇빛이 거의 없는 상황에서도 광합성을 계속 수행할 수 있다. 얼어붙은 이러한 환경에서도 남세균은 영양물질 순환과 탄소 고정에 중요한 역할을 할 수 있다.

남세균은 온천과 같이 뜨거운 물에서도 살아갈 수 있다. 호열성(thermophilic) 남세균은 40~80℃의 온천에서도 발견되고, 일부 종은 73℃의 높은 온도의 물에서도 생존할 수 있다. 남세균의 경우 알칼리성 온천에서 자주 발견된다. 온천에는 미네랄이나 다른 영양물질이 풍부해 남세균이 살아가는 데 도움이 된다. 온천에서

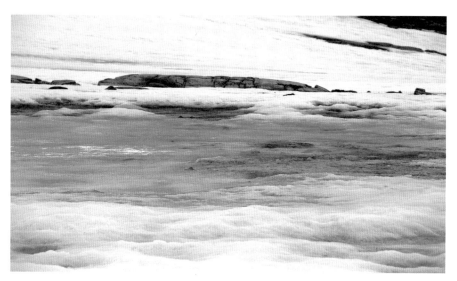

남극대륙 눈 위에 자라난 녹조류 ⓒ ssawpics(shutterstock)

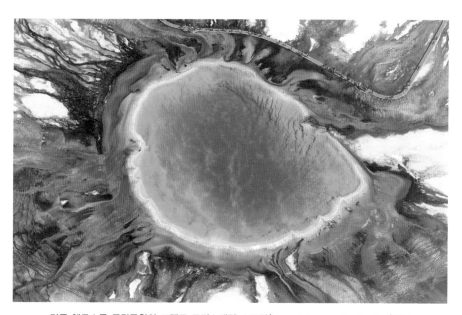

미국 옐로스톤 국립공원의 그랜드 프리스매틱 스프링(Grand Prismatic Spring)처럼 온천이 특유한 색깔을 내는 것은 그 속에 남세균과 고세균이 살기 때문이다. ⓒ Carsten Steger(wikimedia)

살아가는 남세균의 경우 뜨거운 곳에서도 변성되지 않는 내열성 효소(단백질)를 생성한다.

남세균은 염호(짠물 호수), 염전과 같이 염도가 높은 환경에서도 생존할 수 있다. 염도가 높은 환경에서도 세포 기능을 유지할 수 있도록 하는 특별한 효소 등 보호 메커니즘을 갖고 있기 때문이다. 염분 농도가 높은 곳에서 살기 위해서는 세포의 삼투압(osmotic pressure)을 조절하는 것이 중요하다. 호염성(halophilic)이나 내염성(halotolerant)인 남세균은 세포 내 이온 농도를 조절하거나 적합한 저분자량 용질을 축적함으로써 주변 환경과 삼투압 균형을 유지한다. 아울러 염분 스트레스를 견딜 수 있는 효소 단백질도 갖추고 있다.

샌프란시스코의 염전. 염전의 색깔은 시네코코커스(*Synechococcus*) 종류, 호염성 세균(halobacteria) 등 어떤 미생물이 우세하느냐에 따라 다양해진다. ⓒ Doc Searls(wikimedia)

녹조의 번성, 남세균 탓인가 사람 잘못인가

9.
지구 대기를 산소로 채우다

〜〜〜〜〜

남세균은 광합성을 하면서 산소를 만드는 원핵생물이다. 태양에너지를 이용해 살아가는 데 필요한 에너지를 얻고, 유기물과 산소를 만든다. 원핵생물 중에서 광합성을 하는 생물은 남세균 말고도 더 있다. 광합성 세균이다. 광합성 세균은 광합성을 하더라도 산소를 생산하지 않는다. 녹색황세균 등은 광계(光系, photosystem) I만 갖고 있어서, 광합성을 해도 산소를 배출하지 않는다. 특정한 색소 단백질이 태양에너지를 흡수하고, 전자를 들뜨게 하는 데 이 에너지를 사용한다. 에너지를 받아 들뜬 전자를 순환시켜 광합성에 필요한 에너지를 얻는 것이 바로 광계 I이다.

이에 비해 진핵생물이면서 식물인 조류나 원핵생물인 남세균의 경우 이 광계 I 외에 광계 II를 더 갖고 있다. 광계 II는 태양에너지를 흡수하는데, 물(H_2O)에서 전자를 떼어내고 산소(O_2)를 배출

하는 데 이 태양에너지를 사용한다. 물에서 떼어낸 전자는 광계 I
로 보내는데, 이 전자는 순환하지 않고 이산화탄소를 고정하는 환
원 반응에 사용한다.

남세균은 광합성을 하는 시스템, 즉 광계를 다른 광합성 세균
에 비해 한 차원 높였다. 남세균이 이 지구상에 처음 나타난 것
은 35억 년 전이다. 이후 진화를 거듭하면서 광계 I과 광계 II를
함께 가지면서 광합성 효율이 획기적으로 높아진 남세균이 출현
했다. 덕분에 23억~26억 년 전 지구에서는 대산소화 사건(great
oxygenation event)으로 불리는 대대적인 산소 생산이 나타나게 됐
다는 것이다. 대기 중 산소의 축적은 더 크고 효율적인 신진대사
를 통해 더 복잡한 유기체의 진화를 가능하게 했다.[16]

그런데 이 같은 남세균이 광합성을 통해 산소를 생성하게
된 것은 원시남세균과 시아노파지(cyanophage)의 공진화(共進化,
coevolution) 덕분일 수도 있다는 연구 결과가 나왔다. 시아노파지
는 남세균에 감염하는 바이러스를 말하며, 공진화는 두 생물종이
서로 영향을 주고받으며 함께 진화하는 것을 말한다.

폴란드 과학아카데미 산하 프란시세크 고르스키 연구소와 야
기엘로니안대학 연구팀은 2022년 12월 『사이언티픽 리포츠
(Scientific Reports)』 저널에 발표한 논문에서 남세균과 시아노파지
의 공진화 가능성을 제시했다. 남세균 조상이 산소를 발생하는 광
합성 체계를 갖는 과정에 시아노파지가 역할을 했을 수 있다는 것
이 연구팀의 추정이다.[17, 18]

연구팀은 우선 시아노파지는 남세균 광합성에 필요한 단백질
두 가지(D1과 D2) 가운데 하나 혹은 두 가지를 지령(coding)하는 유

전자(psbA와 psbD)를 갖고 있다고 지적했다. D1과 D2는 광계 II의 핵심 단백질이다.

두 가지 유전자에 대한 염기서열과 돌연변이를 분석한 결과, 시아노파지와 남세균은 다른 조류나 식물보다 훨씬 유사한 것으로 나타났다. 이를 바탕으로 연구팀은 오랜 조상 때부터 남세균과 시아노파지가 유전자를 주고받으며 긴밀하게 공진화한 것으로 보인다고 밝혔다.

한편, 진핵세포인 식물세포는 엽록체를 갖고 있고, 엽록체는 광계 I과 광계 II를 다 갖고 있어 남세균의 광합성과 흡사하다.

식물세포는 남세균의 내부공생(內部共生, endosymbiosis) 결과라는 것이 학계의 지배적인 이론이다. 다른 세포에 의해 삼켜진 남세균이 결국 숙주세포와 공생 관계로 진화했다는 것이 바로 내부공생 이론이다. 남세균의 한 갈래가 다른 세균과 융합했고, 남세균은 진핵세포에서 엽록체 형태로 남게 됐다는 것이다. 엽록체는 숙주세포에 광합성 기능을 제공하고, 숙주세포는 엽록체로 바뀐 남세균에 적절한 환경과 필수 영양분을 제공하며 공생하는 것이다.

이 같은 이론의 근거는 엽록체가 남세균과 비슷한 자체 유전자(DNA)를 갖고 있으며, 엽록체 역시도 세균의 이분법과 유사한 과정을 통해 복제된다는 사실에 의해 뒷받침된다. 아울러 엽록체의 외막이 그람 음성 세균(gram-negative bacteria)의 외막과 비슷한 점도 엽록체가 세균 조상으로부터 진화했음을 보여주는 증거다.

더불어 남세균은 시간이 지남에 따라 단세포 생물에서 다세포 군체, 심지어는 크고 복잡한 해조류로 진화한 것으로 생각된다. 이들은 바다는 물론 담수, 육상까지 서식지를 넓혔다.

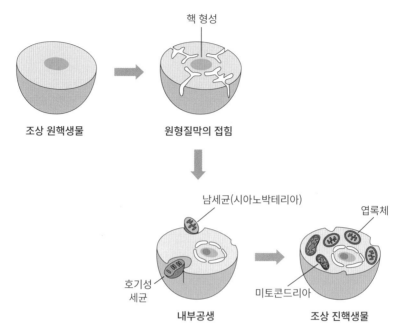

핵 형성

조상 원핵생물   원형질막의 접힘

남세균(시아노박테리아)

엽록체

호기성
세균

미토콘드리아

내부공생   조상 진핵생물

원핵생물이 내부공생을 통해 진핵생물로 진화하는 과정

스트로마톨라이트

남세균의 역사에서 빼놓을 수 없는 것이 스트로마톨라이트 (stromatolite)다. 스트로마톨라이트는 얕은 물 환경에서 미생물, 주로 남세균의 성장과 축적에 의해 형성되는 층상 구조다. 오늘날에도 서호주의 샤크 베이와 바하마를 비롯한 전 세계 몇몇 지역에서 여전히 발견되고 있다.

스트로마톨라이트는 얕은 바닷가의 둥근 바위다. 석회암이 켜켜이 쌓이면서 둥근 바위가 됐고, 내부를 절단해보면 동심원 형태의 줄무늬가 나타난다. 따뜻하고 태양광과 영양물질이 풍부한 환경에서 남세균이 지속해서 성장하면서 유기물을 축적한 흔적이다.

서호주 샤크 베이의 스트로마톨라이트 ⓒ Paul Harrison(wikimedia)

남세균은 낮 동안 광합성을 하면서 성장하고, 밤에는 세포 밖으로 점액을 분비해 바닷물 속의 석회질이나 규소질 입자를 고착시켜 얇은 피막이나 층을 만든다. 다시 낮이 되면 그 석회질층 표면에 남세균이 자라서 남세균 층을 만든다. 이렇게 색깔이 다른 층이, 두께가 수 μm(마이크로미터, 1μm=1,000분의 1mm)에서 수 mm에 이르는 층이 반복되면서 줄무늬가 만들어지고, 결국에는 기둥이나 돔 모양의 바위로 커진다.

국내에서도 대구 경산시 대구가톨릭대학과 서해 소청도 등 여러 곳에서 이런 스트로마톨라이트의 화석을 볼 수 있다. 서해 소청도 해안에는 거대한 흰색 대리암 절벽이 있다. 이 바위 절벽은 하얀 분을 바른 것 같다고 해서 주민들이 '분바위'라고 부르고, 달밤에 멀리서 보면 섬에 하얀 띠를 두른 것 같다고 해서 '월띠'라고도 불린다. 이 대리암은 오래전 석회암이 땅속의 고온 고압 조건에서 변해서 만들어진 것이다. 이 분바위 대리암 사이사이에 굴껍데기처럼 줄무늬를 가진 암석이 나타나는데, 천연기념물 제508호로 지정된 '굴딱지암석'이 바로 스트로마톨라이트의 화석이다. 과거 남세균이 성장한 흔적인 것이다.

스트로마톨라이트는 35억 년 이상 거슬러 올라가는 지구 생명의 초기 역사에 대한 기록을 제공하기 때문에 중요하다. 지구상의 생명체 진화의 역사에서 남세균이 중요한 역할을 했음을 엿볼 수 있는 귀중한 증거이기도 하다.[19]

10.
남세균의 광합성과 질소고정

다른 광합성 생물과 마찬가지로 남세균은 광합성을 통해 살아가는 데 필요한 화학에너지와 유기물질을 생산한다. 남세균 광합성의 기본 메커니즘은 식물이나 다른 진핵세포 조류와 유사하다.

우선 남세균의 광합성은 세포 내의 막으로 둘러싸인 구획인 틸라코이드(thylakoid)라는 특수 구조에서 이뤄진다. 틸라코이드라는 말은 그리스어 'θύλακος(thylakos)'에서 유래한 말로 주머니(sac)라는 뜻이 있다. 주머니에는 엽록소a와 파이코빌리프로테인(phycobiliproteins) 등과 같이 광합성에 필요한 색소와 단백질이, 그리고 이런 것들이 결합된 광계 복합체(photosystem complex)가 들어있다.

남세균의 광합성 과정은 광 의존 반응(명반응)과 광 독립 반응(암반응)의 두 단계로 나눌 수 있다. 광 의존 반응은 광합성의 첫번째 단계인 틸라코이드 막 색소에 의한 빛에너지의 흡수와 관련이 있다. 이 에너지는 광합성의 두번째 단계에서 에너지로 사용될 ATP(아데노신 삼인산)과 NADPH(니코틴아미드 아데닌 디뉴클레오티드 인산염)를 미리 생성하는 일련의 화학반응이다.

광 독립 반응은 광합성의 두번째 단계로 이산화탄소를 포도당과 같은 유기 분자로 전환시키는 일련의 생화학 반응이다. 광 의존 반응의 ATP와 NADPH는 캘빈 회로(Calvin cycle)를 구동하는 데 필요한 동력으로 공급된다.

남세균은 진핵세포 조류나 광합성 세균의 광합성과 유사점을 공유하지만, 차이점도 있다. 틸라코이드 구조를 보면, 남세균과 진핵 조류에는 그라나(grana)라는 구조가 있다. 동전 모양으로 생긴 틸라코이드가 겹겹이 쌓여 있는 것이 그라나인데, 원핵생물인 광합성 세균에는 틸라코이드가 없어 세포질에서 광합성을 진행한다. 그리고 남세균과 진핵 조류는 광합성의 부산물로 산소를 생산하지만, 광합성 세균은 광계II가 없어 산소를 생산하지 않는다.

남세균과 진핵 조류는 캘빈 회로를 이용해 이산화탄소를 유기물로 고정하지만, 일부 광합성 세균은 역 TCA 회로 또는 3-하이드록시프로피오네이트 사이클과 같은 별도의 경로를 통해 탄소를 고정한다. 발견한 사람의 이름을 따 크레브스 회로라고도 불리는 TCA 회로(tricarboxylic acid cycle)는 탄소를 분해하는 과정인데, 이 TCA 회로를 거꾸로 돌리는 역 TCA 회로를 이용하면 이산화탄소를 고정할 수 있다.

남세균이 다양한 환경조건에서 광합성을 수행할 수 있는데, 일부 남세균은 태양광 스펙트럼의 녹색 및 노란색 부분에서 빛을 흡

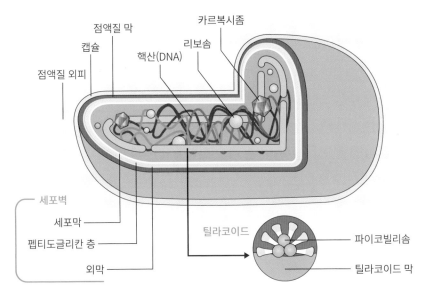

점액질 막

카르복시좀

캡슐

리보솜

점액질 외피

핵산(DNA)

세포벽

세포막

펩티도글리칸 층

틸라코이드

파이코빌리솜

외막

틸라코이드 막

남세균의 틸라코이드 구조

수할 수 있는 피코빌린이라는 색소를 가지고 있다. 이는 깊은 물이나 그늘진 서식지와 같은 빛이 약한 환경에서 광합성을 할 때 중요한 역할을 한다. 또 일부 남세균은 적외선만 사용해 광합성을 수행할 수 있으므로 온천이나 지열 분출구와 같이 가시광선이 거의 없는 환경에서도 자랄 수 있다. 모든 남세균은 물을 전자 공급자로 해서 산소를 생성하는 광합성을 하지만, 일부 종은 황화물이나 철이온을 전자 공급자로 활용하는 무산소 광합성을 할 수 있다.

또 일부 남세균은 어둡고 산소가 없는 곳에서 광합성 대신에 발효 과정을 수행한다. 이미 존재하는 탄수화물을 산소가 없는 곳에서 일부만 분해하는 것이 발효다. 산소가 있을 때 탄수화물을 완전히 이산화탄소와 물로 분해하는 호흡을 하는 경우도 있다. 호흡의 경우 산소를 최종 전자수용체로 한다.

남세균은 무기물에서 유기물을 만드는 광합성을 하므로 기본적으로 독립영양 생물(autotroph)이지만, 어두운 조건과 밝은 조건 모두에서 유기물을 이용하기도 한다. 종속영양 생물(heterotroph)로 살아갈 때도 있다는 것이다. 결과적으로는 두 가지를 다 하는 혼합영양 생물(mixotroph)일 수도 있다는 의미다. 남세균은 불리한 상황이 닥쳤을 때 이용하기 위해 필수 영양소와 대사산물을 활용하고 저장할 수도 있다.

남세균의 질소고정

질소고정은 남세균을 포함해 일부 세균이 대기 중의 질소 기체(N_2)를 암모니아(NH_3) 또는 질산염(NO_3^-)과 같은 생물이 사용할 수 있는 질소 형태로 전환시키는 과정이다. 질소 기체는 두 개의 질소 원자가 삼중결합($N \equiv N$)을 하고 있는데, 질소고정을 위해서는 먼저 이 삼중결합을 끊어야 한다. 삼중결합을 끊기 위해서는 에너지가 많이 들어가야 하고, 에너지를 마련하기 위해서는 산소가 필요하다. 하지만 산소가 있으면 질소고정 반응 자체가 방해받는데, 이 딜레마를 해결하기 위해 특수 효소와 특수한 세포가 필요하다.

남세균에서는 질소고정을 위해 특화된 변형된 세포인 이형세포(heterocyst)라고 하는 곳에서 질소고정이 이루어진다. 이형세포는 질소 분해 효소 복합체를 손상시킬 수 있는 산소로부터 이 복합체를 보호할 수 있도록 몇 가지 장치를 갖추고 있다.

남세균의 질소고정 메커니즘은 몇 가지 단계로 나눠볼 수 있다. 먼저 산소 차단이다. 이형세포는 질소고정 반응 장소에 산소가 들어오는 것을 방지하기 위해 두껍고 불투과성 층으로 둘러싸

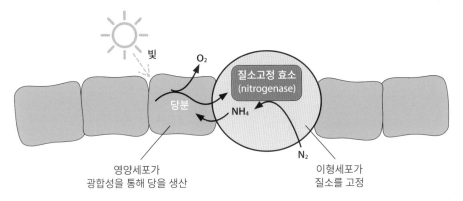

남세균 영양세포(vegetative cell)와 이형세포(heterocyst)의 역할 분담

여 있다. 이형세포는 만에 하나 이곳으로 유입되었을 수도 있는 산소를 제거하는 산소 제거 효소도 갖추고 있다.

이형세포 내부에는 질소 분해 효소 복합체가 있다. 이는 질소 기체를 암모니아로 전환하는 것을 촉매한다. 질소 분해 효소 복합체는 전자를 전달하는 Fe 단백질, 질소고정이 일어나는 활성 부위를 포함하는 MoFe 단백질이라는 두 가지 주요 요소로 이뤄진다.

질소고정은 ATP가 많이 필요한 에너지 집약적인 과정이다. 남세균은 이형세포에 인접한 세포에서 광합성을 통해 질소고정에 필요한 에너지를 생산한다. 이 세포는 ATP와 같은 에너지가 풍부한 분자를 전달하고 페레독신(ferredoxin)을 환원시켜 마이크로플라즈모데스마타(microplasmodesmata)라고 하는 특수 채널을 통해 이형세포에 전달한다.

남세균은 이형세포에서 생성된 암모니아를 인접한 세포로 보낸다. 암모니아는 단백질이나 핵산 등 질소를 함유한 유기 분자를 만드는 데 이용된다.

11.
기포의 부력 덕분에 경쟁에서 이긴다

〜〜〜〜〜

많은 남세균은 부력을 갖고 있어서 수층에서 위아래로 이동할 수 있다. 이 부력은 남세균 세포 내에 있는 작은 기포(氣胞, gas vacuole) 혹은 기낭 덕분이다. 기포는 기체로 채워진 작은 주머니(공기주머니)를 의미하는데, 물고기의 부레나 잠수함, 선박의 평형수(ballast) 칸막이처럼 물속에 사는 세균이 부력을 조절할 수 있도록 해준다. 이 속에 기체가 차면 남세균이 부력을 얻게 된다.

그런데 이 남세균 기포는 주머니라기보다는 길쭉한 깡통처럼 생긴 것으로 보고됐다. 2023년 3월 네덜란드 델프트 공과대학 연구팀은 『셀(Cell)』 저널에 발표한 논문에서 세균의 '기체 주머니', 즉 기포 구조와 합성 과정에 대해 소개했다.[20, 21]

연구팀은 초저온 전자현미경(cryo-EM) 방법으로 물이나 토양, 사람의 장(腸) 속에 사는 바실러스 메가테리움(*Bacillus megaterium*)

이란 세균과 아파니조메논 플로스-아쿠애(*Aphanizomenon flos-aquae*)란 남세균의 기포의 형태를 관찰했다. 연구팀은 또 작은 단백질이 모여 스스로 기포 껍질을 만들어가는 과정도 분석했다. 연구팀은 바실러스 세균의 기포가 길쭉한 원통이고, 원통 양쪽 끝을 원뿔(고깔)이 막는 모양이라고 밝혔다.

세균의 기포는 원통 지름이 평균 55.5nm, 남세균 기포의 지름은 평균 87.1nm로 관찰됐다. 기포의 길이는 0.1~1μm로 다양하게 나타났다. 이런 기포는 3차원 입체 구조가 마치 '해마(海馬)'처럼 생긴 GvpA라는 단백질이 수천 개 모여서 만들어진다고 연구팀은 설명했다.

길이 3.2Å(옹스트롬, 1Å=0.1nm), 분자량 7,000Da(달톤)인 이 작은 단백질이 블록 장난감처럼 켜켜이 연결돼 원통을 만든다. 세균의 기포 원통을 한 바퀴 감싸는 데는 평균 145개의 GvpA 단백질 단량체(monomer)가 필요하다. 남세균 기포의 경우 이 단백질 227개가 있어야 원통을 한 바퀴 감을 수 있다.

이렇게 수백 바퀴를 뜨개질하듯이 나선형으로 단백질이 쌓이면 마침내 기포가 만들어진다는 것이 연구팀의 설명이다. 연구팀은 "기포는 생체 분자가 큰 구조를 스스로 조립하는 것을 보여주는 놀라운 사례"라며 "처음에 '조립 핵' 역할을 하는 단백질 분자가 있어서 원뿔 부분부터 기포 구조 조립을 시작하는 것으로 보인다"라고 추정했다.

이때 위아래 원이 서로 겹치는 두꺼운 부분과 겹치지 않는 얇은 부분이 생기는데, 얇고 성긴 부분의 단백질 틈새로 물과 기체가 드나들게 된다. 기포 원통 내부에는 단백질을 구성하

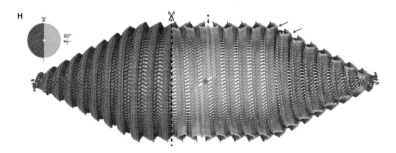

세균 속 공기주머니(기포)의 구조를 나타낸 분자 모델(자료: Huber et al., 2023)

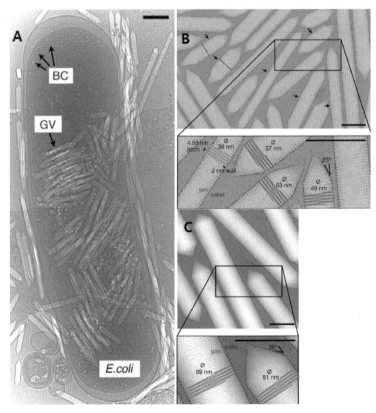

세균 공기주머니. 대장균(*E. coli*) 유전자에 공기주머니 생성 단백질 유전자를 넣어 발현시킨 결과, 대장균 세포에 공기주머니, 즉 기포가 생겼다. (A)BC는 공기주머니로 자라기 전에 원뿔이 먼저 만들어진다는 사실을 보여준다. (B)세균 세포 속 기포, (C)남세균 세포 속 기포(자료: Huber et al., 2023)

녹조의 번성, 남세균 탓인가 사람 잘못인가

는 아미노산 중에서도 물과 서로 밀어내는 성질을 지닌 소수성 (hydrophobicity) 아미노산이 배열돼 물 분자는 기포 밖으로 밀어낸다. 덕분에 물은 빠져 나가고 기포 안에는 기체만 모이게 된다.

원통은 또 두꺼운 부분과 얇은 부분이 겹겹이 반복되면서 파인애플 통조림이나 아코디언 모양의 주름을 갖는다. 이 주름 덕분에 기포는 압력에 견딜 수 있는 탄력성도 지닌다. 연구팀은 "바실러스 세균이나 남세균 외에 고세균인 할로박테리움(Halobacterium salinarum) 등에서 비슷한 기포가 관찰되는 점에서 이 기포가 생물 진화 과정에서 잘 보존되고 있음을 보여준다"라고 강조했다.

남세균이 부력을 얻는 이점은 여러 가지가 있다. 우선 다른 조류는 잔잔한 호수에서 가라앉는 데 비해 남세균은 기포를 이용해 수층을 상하로 오르내리면서 적당한 태양광으로 광합성을 할 수 있는 것으로 알려졌다. 이러한 조건에서 남세균은 더 빠르게 성장하고 번식할 수 있다.

남세균의 경우 여름철 성층화된 호수에서 다른 조류를 경쟁에서 밀어내고 짙은 녹조를 일으키는 것도 이 기포 때문이다. 호수의 성층화는 따뜻하고 밀도가 낮은 표층수와 차갑고 밀도가 더 높은 심층수로 분리돼 서로 섞이지 않는 현상을 말한다. 여름에는 많은 호수의 표층수가 심층수보다 더 따뜻해져서 성층화 현상이 더욱 뚜렷하다.

남세균은 또 수층에서 특정 수심에 집중 분포하는 포식자로부터 피할 수 있다. 남세균이 강과 호수에서 넓게 흩어져 살아갈 수 있도록 해주고, 새로운 서식지를 개척할 수 있게 한다. 다른 조류, 즉 식물성 플랑크톤은 영양물질을 이용하기 어렵거나 포식에 대

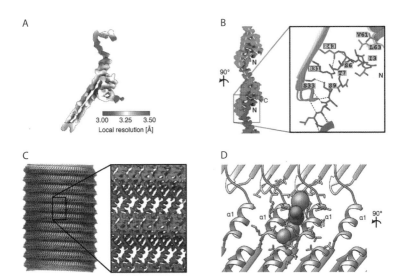

세균과 남세균의 기포가 스스로 조립해나가는 과정. 기포 단백질 단량체(monmer)가 핵(nucleus)이 돼 이중원뿔을 만들고, 여기에 새로운 단백질 단량체가 계속 끼어들면서 원뿔이 자라고, 다시 원통으로 길게 자라면서 기포가 완성된다(자료: Huber et al., 2023).

한 취약성으로 인해 표층에서는 남세균보다 경쟁력이 떨어질 수 있다.

부력은 유해 조류 대발생(HAB) 형성에 기여하기도 한다. 남세균이 물 표면에 떠올라 조밀한 매트를 형성하게 되면, 물과 대기 사이의 가스 교환을 막는 효과가 발생하고, 수층의 산소 고갈과 남세균의 독소 방출로도 이어질 수 있다. 이에 따라 물고기 등 수중 생물의 생존을 위협하고 사람의 건강을 해칠 수도 있다.

녹조의 번성, 남세균 탓인가 사람 잘못인가

12.
곰팡이, 동물 등과 공생하는 남세균

∽∽∽∽∽

남세균은 곰팡이와 동물 등 다양한 생물들과 공생 관계를 형성하는 것으로 알려져 있다. 광합성을 하는 남세균은 다른 생물에게 유기물과 에너지를 제공하고, 다른 생물들은 남세균을 보호하면서 영양물질을 제공하는 방식으로 공생 관계를 맺는다.[22]

먼저 토양 생태계에서 남세균은 곰팡이와 지의류(lichen) 형태로 공생 관계를 형성할 수 있다. 지의류는 흔히 '돌이끼'라고도 하지만, 돌이나 바위, 비석 위에 자란 돌이끼는 식물인 이끼와는 무관하다. 지의류는 곰팡이와 남세균으로만 구성될 수도 있고, 곰팡이와 녹조류, 남세균이 함께 공생할 수도 있다. 남세균이 질소를 고정하면, 이것을 곰팡이나 녹조류가 이용할 수 있다.

광합성을 하는 남세균은 지의류의 엽상체에서도 발견된다. 엽상체의 남세균은 곰팡이를 자외선이나 건조한 환경으로부터 보호하는 역할도 수행한다. 이런 공생 관계 덕분에 지의류가 바위나 건물 벽, 나무줄기 등의 환경에서도 자랄 수 있다.[23]

남세균은 세균과 느슨한 공생 관계를 형성할 수도 있다. 토양 생태계에서 남세균이 생산한 유기물, 남세균이 고정한 질소를 세균이 이용하게 되는데, 토양 세균은 유기물을 분해하면서 미네랄을 토양에 방출하고 남세균이 이용할 수 있도록 제공한다. 또 남세균에 해로운 활성산소 종(reactive oxygen species, ROS)을 제거하기도 한다. 이처럼 남세균과 세균이 함께 생활하면 토양이 비옥해지고, 그 결과로 식물도 잘 살아갈 수 있다.

온천이나 염전과 같이 극한 환경에서 발견되는 미생물 매트 역시 남세균과 세균이 공생 관계를 맺은 사례로 볼 수 있다. 여기서 남세균은 광합성을 통해 유기물을 세균에 제공하고, 세균은 유기물을 분해하면서 영양염류를 재순환시키는 역할을 맡는다.

일부 남세균은 동물과 공생 관계를 맺는데, 대표적인 것이 바다의 산호다.[24, 25, 26, 27] 산호충의 폴립(polyp)이 남세균을 섭취하고, 몸속에 가둔다. 산호충(동물)은 남세균에 적당한 서식 장소를 제공하며, 남세균은 광합성으로 유기물을 생산하고 질소를 고정해 제공하기도 한다. 특히, 남세균은 산호충 안에서 와편모조류 등 다른 조류와 함께 살아가는데, 남세균이 고정한 암모늄이나 질산염 등 질소는 와편모조류의 성장과 광합성에도 사용된다.

산호는 보통 영양분이 적은 곳, 즉 빈영양(oligotrophic) 환경인 깨끗한 바닷물에서 살아간다. 빈영양 환경에서 살아가는 산호충과 공생하는 남세균은 산호충에 꼭 필요한 만큼의 작은 양의 유기물을 제공한다. 산호충이 모인 산호초(coral reef) 생태계는 해양

녹조의 번성, 남세균 탓인가 사람 잘못인가

나무나 돌 위에 자라는 지의류. 지의류는 남세균과 같이 광합성을 하는 조류와 곰팡이의 공생체이다.

에서 생물다양성이 가장 풍부한 곳으로 육지의 열대우림에 비견된다.

이런 빈영양 생태계에 생물종 다양성이 가장 풍부하다는 것, 이를 두고 '다윈의 역설(Darwin's paradox)'이라고 한다. 광합성을 하는 1차 생산자로서 산호초 생태계를 떠받치는 것이 바로 산호충과 공생하는 조류이고, 그 조류 가운데 일부가 남세균이다. 그만큼 남세균이 산호초 생태계에서 중요한 역할을 하는 셈이다.

하지만 특정 조건에서는 남세균이 산호에게 부정적인 영향을 미칠 수도 있다. 일부 남세균 종류는 산호초에서 과도하게 자라면서 매트를 형성하는데, 이 매트는 유해한 물질을 방출해 산호 폴립을 손상시키거나 죽일 수도 있다.

남세균이 대발생하는 경우에는 또 다른 문제를 낳을 수도 있다. 남세균 대발생은 바닷물 수층의 산소 고갈로 이어질 수 있고, 산호를 포함한 해양 생물을 죽음으로 몰고 가는 '데드 존(dead zone)'이 나타날 수도 있다. 지구온난화로 수온이 상승하면, 산호충은 공생을 하는 조류(남세균)를 쫓아내 버리기도 한다. 온도가 상승하면 공생 조류가 과산화수소 같은 유해물질을 배출하기 때문에 산호충이 공생 조류를 쫓아내게 된다는 것이다.

한편, 수생태계에서 남세균은 다양한 역할을 수행한다. 우선 1차 생산자로서 다른 생물에게 에너지와 영양분을 공급한다. 동물성 플랑크톤이나 어류, 일부 무척추동물 등 다양한 생물의 먹이 공급원 역할을 한다. 남세균은 조밀한 매트 또는 군집을 형성할 수 있으며, 이를 통해 생태계 내 다른 생물에게 미세 서식처를 제공한다.

녹조의 번성, 남세균 탓인가 사람 잘못인가

또 질소와 인 순환에서 중요한 역할을 한다. 특히 대기 중의 질소를 고정해 이를 암모늄이나 질산염과 같이 다른 생물이 사용할 수 있도록 변환해준다. 아울러 광합성을 통해 산소를 생산해 수생태계에서 동물들이 호흡하며 살아갈 수 있도록 한다. 이처럼 남세균은 생물지구화학적 순환(biogeochemical cycle)에서 중요한 역할을 담당한다.

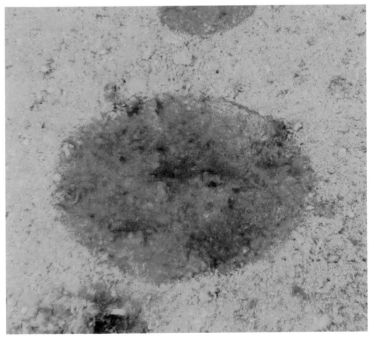

아나베나가 지배하는 남세균 매트. 마다가스카르 인근 마요트섬의 마요트 석호(Mayotte lagoon, 수심 14m)에서 관찰된 것이다(자료: Charpy et al., 2012).

2부
녹조 발생 원인

1.
소양호에서 이뤄진 남세균과의 첫 만남

〜〜〜〜〜〜

　나는 1970년대 마산 앞바다를, 해수욕장을 뒤덮었던 적조(赤潮, red tide)에 충격을 받았고, 그 때문인지 대학에서 미생물학을 전공하게 됐다. 또 대학원 석·박사 과정에서 소양호의 적조와 녹조를 논문 주제로 삼아 실험하게 됐다. 보통 연구실에서는 연구비 지원을 받는 연구 프로젝트에 따라 논문 주제가 정해지는데, 마침 그 실험실에서 소양호 연구가 시작됐고, 내가 처음 맡게 되었다. 지금 생각하면 운이 좋았다.

　그렇게 강원도 춘천 소양호를 다니게 되었고, 거기서 남세균을 만나게 됐다. 현장에서 처음 남세균을 제대로 본 것은 석사 1학년 때인 1987년 여름이었다. 남세균 중에서도 아나베나속(Anabaena)에 속하는 것이었다. 소양호 호수 전체가 색깔만 녹색이었을 뿐, 마치 된장국 같았다. 된장국을 저었다가 가만히 두면 작은 알갱이

들이 둥실둥실 떠다니다가 숭글숭글 가라앉는 것 같은 모습이었다. 드넓은 호수 전체가 그런 모양이었다. 아나베나는 현미경으로 보면 기다란 실 모양인데, 작은 구슬이 염주처럼 연결된 모양이었다. 남세균과의 인연은 그렇게 시작됐다.

몇 해 뒤 대청호에서도 남세균 녹조를 보게 됐는데, 그건 아나베나 녹조와는 다른 모습이었다. 그냥 숫제 녹색 페인트를 담아놓은 것 같았다. 대청호에서는 마이크로시스트속(*Microcystis*)의 남세균이 대발생했던 것이었다.

1987년부터 1993년까지 소양호에 계속 조사를 다녔다. 석사와 박사 논문 주제가 모두 소양호였다. 1993년 8월에 박사학위를 받았는데, 논문 제목은 「소양호에서 적조의 발생이 미생물 군집을 통한 탄소순환에 미치는 영향」이었다.

바다에서만 적조가 생기는 것이 아니라 담수인 소양호에서도 적조가 발생했는데, 계곡수가 들어오는 부분에서는 적조가 발생했고, 댐 앞처럼 수심이 깊은 곳에서는 녹조도 발생했다.

1980년대 후반과 1990년대에 소양호에서는 여름마다 남세균 녹조가 관찰됐는데, 이는 가두리 양식장 탓이었다. 몇 곳의 양식장에서 대량 투여한 사료가 바닥에 가라앉고, 물고기 배설물까지 쌓이면서 오염이 심각했다. 질소와 인 성분이 과다해지는 부영양화 현상이 진행되면서 급기야 녹조까지 발생한 것이다.

당연히 내 학위 논문에서도 녹조 문제가 언급되었다. 소양호의 수질 얘기는 뒤에서 자세히 다룰 것이다. 아무튼 미생물 생태학 혹은 수질 미생물학을 전공했고, 세부적으로는 적조, 녹조 이런 걸 공부하면서 꼬박 6년을 서울과 춘천을 오갔다. 실험실에서는 녹조류인 세네데스무스(*Scenendesmus*)를 배양하는 실험도 진행했다.

1994년 여름 중앙일보에 환경전문기자로 들어왔고, 당시 가장 큰 이슈가 수질오염이었던 만큼 녹조 등에도 관심을 갖고 취재했다. 녹조에 대해 처음 쓴 기사는 1996년에 쓴 것이다. 그러니까 이명박 정부의 4대강 살리기 사업이 시작되기 훨씬 전이다.

그러니 "4대강 사업 전에도 녹조가 발생했는데, 낙동강, 금강 등의 녹조가 발생한 것을 4대강 사업 탓으로 돌리는 것은 잘못"이라는 주장이 전혀 근거가 없는 것은 아닌 셈이다. 실제로 1996년 8월 26일 자에 쓴 "녹조 왜 생기며 무엇이 문제인가—오·폐수 무분별 방류가 원인" 기사를 보면 다음과 같이 시작한다.[1]

> "최근 몇 년간 여름철이면 전국의 많은 강과 호수에서 남조류(남세균)가 짙은 녹색을 띠고 번식하는 녹조현상이 낙동강뿐만 아니라 대청호·소양호·팔당호 등 전국의 상수원에서 나타나고 있다. 7월 하순부터 남조류인 마이크로시스티스가 대대적으로 번식한 대청호에서 지난 6일 측정한 엽록소*a* 농도는 m²당 33~59mg까지 치솟았다. 미국 환경보호국(EPA)이 정한 기준치 20mg을 최고 3배 초과한 이 같은 농도 때문에 금강유역환경관리청은 지난달 26일 녹조 '발생주의보'를, 7일에는 '경보'를 발령했다."

하지만 당시는 강보다는 소양호, 대청호 같은 인공호수에서 발생한 녹조가 문제였다. 강에서도 녹조가 발생했지만, 비가 제법 내리면 씻겨 내려가면서 녹조가 곧바로 사라지곤 했기 때문이다.

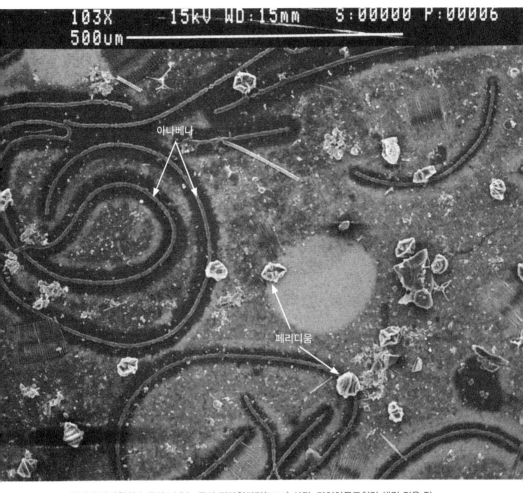

103X   -15kV WD:15mm   S:00000 P:00006
500um

아나베나

페리디움

필자의 박사학위 논문에 나오는 주사 전자현미경(SEM) 사진. 다이아몬드처럼 생긴 것은 적조를 일으키는 와편모조류인 페리디니움이고, 가늘고 길게 생긴 것이 녹조를 일으키는 남조류인 아나베나 종류다.

강에서 녹조 문제가 본격적으로 이슈화된 것은 아무래도 이명박 정부가 4대강 사업을 시작한 이후, 즉 2010년 이후일 것이다. 공사 전부터 녹조에 대한 우려의 목소리가 터져 나왔다. 실제로 흐르는 강을 막아 보를 쌓으면서, 4대강은 강에서 호수로 바뀌었고 녹조 문제가 더 심각해졌다.

4대강 사업을 맡아 추진했거나, 4대강 사업에 찬성하는 사람들은 4대강에서 창궐한 녹조에 대해 대체로 두 가지 반응을 보인다. 하나는 녹조가 심해지지 않았다는 주장이다. 녹조는 4대강 사업 전에도 있었고, 4대강 사업으로 인해 더 심해지지 않았다는 것이다.

다른 하나는 녹조가 심하다는 것은 인정하지만, 녹조가 심한 것은 4대강 보 탓이 아니라 강과 하천 주변에서 들어오는 오염물질, 즉 빗물에 씻겨 들어오는 비점오염원(non-point source) 탓이라고 주장한다. 이런 주장에 대해서는 앞으로 천천히 살펴볼 것이다.

4대강 사업 이후 녹조 발생 원인은 논쟁의 대상이 됐다. 나도 기자 생활의 절반 가까운 시간 동안 상당한 에너지를 여기에 투입해야만 했다. 녹조 발생 원인은 아주 단순한 과학의 문제인데, 정치적인 입장이 개입되면서 복잡해졌기 때문이다.

4대강 사업이 진행되기 전부터 낙동강을 비롯해 4대강 이곳저곳을 다녔는데, 특히 2014년 여름과 2017년 여름의 짙은 녹조를 잊을 수 없다. 그 심각성과 그로 인한 시민들의 건강 피해가 우려됐기 때문에 녹조 관련한 기사를 계속 써왔고, 결국 이 책을 쓰게 됐다. 4대강 사업으로 인한 환경 파괴는 아직도 끝난 것이 아니기 때문이다.

녹조의 번성, 남세균 탓인가 사람 잘못인가

2.
녹조 발생엔 빛과 온도가 중요하다

강과 호수, 바다에서 녹조를 일으키는 남세균. 남세균이 존재한다고 해서 늘 녹조가 발생하는 것은 아니다. 남세균이 대대적으로 번식하고 성장할 수 있는 조건이 갖춰져야 한다. 남세균의 성장은 빛이나 온도, 영양물질 등 다양한 환경요인의 영향을 받는다. 또한, 수층의 수소이온 농도(pH)의 변화에 따라 남세균의 성장 속도가 달라질 수 있다.

물의 흐름도 남세균 성장에 영향을 준다. 남세균은 대체로 흐름이 없는 잔잔한 물을 좋아하는데, 일부는 상대적으로 흐름이 큰 환경을 선호하기도 한다. 수층의 안정화는 바람이나 강우 등 다른 요인과도 관련이 된다. 동물성 플랑크톤이나 물고기 등에 의한 섭식(grazing)도 남세균의 성장에 영향을 미친다. 남세균을 섭식하는 동물은 수생태계에서 남세균 숫자를 조절하는 역할을 한다.

여름철에 남세균 녹조가 잘 발생하는 것은 태양에너지가 강하며 수온이 높고, 강과 호수가 잔잔하기 때문이다. 남세균 종에 따라서는 한여름보다는 늦은 여름이나 가을에 자라는 것도 있기는 하다.

태양광의 영향

빛은 광합성 생물인 남세균에게 매우 중요하다. 대부분의 남세균은 빛에너지를 이용해 이산화탄소(CO_2)와 물(H_2O)을 탄수화물 형태의 화학에너지로 변환한다. 산소가 발생하는 이 광합성 과정에는 에너지원인 빛을 엽록소와 같은 색소가 포획한다.

빛의 가용성(availability)은 광합성 효율과 능력에 직접적인 영향을 미치기 때문에 남세균의 성장과 생존에 중요한 요소다. 실험실에서 인공조명으로도 남세균을 배양할 수 있지만, 자연계에서 남세균이 얻을 수 있는 빛에너지는 태양광이 유일하다.

다양한 남세균 종이 있는 만큼 종마다 선호하는 태양광 파장(wavelength)이나 조도(illumination)가 다르다. 빛이 너무 많거나 적으면 남세균의 성장과 대발생에 해로울 수 있다. 예를 들어, 빛의 수준이 너무 강하면 남세균 세포의 광합성 기관을 손상시키고 에너지 생산 능력을 감소시킬 수 있는 광저해(photoinhibition)로 이어질 수 있다. 마찬가지로 조도가 너무 낮으면 광합성과 성장을 제한하고, 경쟁력을 떨어뜨리거나 환경 스트레스에 대한 저항력을 감소시킬 수 있다.[2, 3]

빛은 다양한 방향으로 남세균에 영향을 준다. 일반적으로 빛이 풍부할수록 남세균의 성장 속도도 빨라진다. 일부 종은 상대적으

녹조의 번성, 남세균 탓인가 사람 잘못인가

로 약한 빛 조건에도 잘 적응한다. 빛이 강할 때는 경쟁에 뒤지던 종이 약한 빛 조건이 갖춰지면 높은 경쟁력을 가지고 번성하기도 한다.

이에 따라 이른 봄부터 늦은 가을까지 빛의 영향에 따라 서로 다른 남세균이 번성한다. 더 넓게는 규조류나 녹조류, 남세균 등의 수층에서 우점하는 조류 종류가 계절에 따라 달라지는 것처럼 식물성 플랑크톤 군집 구조가 변화하는 데도 빛이 영향을 미친다. 서로 다른 종류의 조류는 요구하는 빛의 조건도 다르기 때문에 계절에 따른 빛 가용성의 변화는 종 풍부도(species richness)를 변화시킬 수 있다.[4]

남세균은 다양한 빛 조건에 적응하며 수층에서 위치를 조정하거나 다양한 파장의 빛을 흡수할 수 있는 색소를 생성하는 등 빛에 대한 노출을 최적화하기 위한 다양한 전략을 가지고 있다. 일반적으로 태양광은 수면 근처에서 강하며, 수층 아래로 조금만 내려가도 빛의 강도는 금세 줄어든다. 일부 남세균은 광합성 효율을 높이기 위해 낮 동안 더 얕은 곳으로 수직 이동할 수 있으며, 세포 내에 기포가 있어 부력을 조절할 수도 있다.

수온의 영향

수온 역시 여러 가지 방식으로 남세균의 녹조에 영향을 줄 수 있는 중요한 요소다. 일반적으로 수온이 높아지면 남세균의 성장 속도가 빨라져 녹조가 더 빨리 형성될 수 있다. 남세균 녹조가 수온이 가장 높은 여름철에 더 흔한 이유다.[3, 5]

많은 연구를 통해 보고된 바와 같이 남세균의 성장과 녹조 발

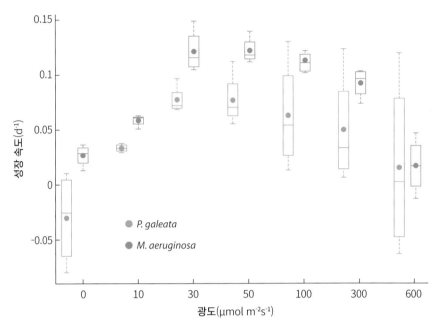

남세균 마이크로시스티스 에어루지노자(*M. aeruginosa*)가 다른 남세균(*P. galeata*)보다 높은 광도에서 더 잘 자라는 경향을 보인다(자료: Muhetaer et al., 2020).

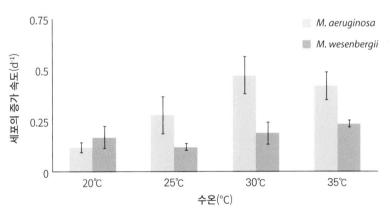

남세균 마이크로시스티스(*Microcystis*) 2종의 성장 속도에 미치는 온도의 영향. 마이크로시스티스 에어루지노자(*M. aeruginosa*)는 30℃ 이상의 온도에서도 잘 자란다(자료: Hiroyuki et al., 2009).

녹조의 번성, 남세균 탓인가 사람 잘못인가

생은 일반적으로 20~30°C 범위의 비교적 높은 수온에서 일어나는 경향이 있다. 일부 남세균은 실험실 외에 실제 수온이 30°C가 넘는 강과 하천에서도 녹조를 일으키는 것으로 알려졌다.

수온은 그 자체로도 남세균 녹조에 영향을 미치지만, 수생태계에서 다른 과정에 영향을 주면서 녹조를 촉진하기도 한다. 대표적으로 수온은 수층의 영양물질 농도에 영향을 줄 수 있다. 수온이 높으면 퇴적토(sediment)에서 유기물 분해와 영양물질 방출을 증가시켜 남세균에게 더 많은 영양물질을 제공할 수 있다.

수온의 상승은 호수나 바다에서 성층화를 강화할 수 있다. 여름철 수온이 상승하면 차갑고 밀도가 높은 물은 아래쪽으로, 따뜻하고 밀도가 낮은 물은 위쪽에 자리 잡으면서, 수층이 안정화되고 위아래 물이 서로 섞이지 않게 된다. 남세균의 경우 기포를 갖고 부력을 조절할 수 있기 때문에 성층화된 수층에서도 수직 이동이 가능하고, 빛이 적당히 들어오는 수심에서 광합성을 할 수 있다.

지구온난화로 기온과 수온이 상승하면, 다른 조류보다 높은 수온에 잘 적응한 남세균에게 유리한 환경이 조성될 수 있다. 기후변화가 계속되면 남세균 녹조가 점점 더 심해질 것이라는 우려가 나오는 이유다.

일부 남세균 종은 사람과 동물에게 해로운 독소를 생성하는데, 높은 수온이나 강한 태양광은 이러한 독소의 생성을 증가시켜 녹조를 더 위험하게 만들 수 있다.

3.
영양물질 과잉이 녹조를 부른다

남세균의 성장과 녹조 발생에서 영양물질, 즉 영양염류의 영향을 빼놓고 얘기할 수 없다. 수생태계에서 남세균 녹조는 흔히 영양물질 오염, 특히 질소와 인의 과잉과 관련이 있다. 수생태계에서 영양 과잉, 즉 부영양화는 무엇보다 '비점오염원(non-point source)' 탓이 크다. 농업지역과 도로 등의 유출수(runoff)가 비점오염원에서 중요한 부분을 차지한다.

유출수는 비가 내렸을 때 지표면을 흘러 강과 호수로 들어오는 물을 말한다. 농촌에서는 논밭에 쌓여있던 비료나 축산분뇨, 도시에서는 도로, 주차장, 나대지, 지붕 등에 쌓여있던 오염물질이 빗물에 씻겨 강이나 호수로 들어오게 된다. 그게 바로 비점오염원이다. 비점오염원 속에는 질소, 인 등 조류가 성장하는 데 필요한 영양물질이 들어있다.

비점오염원 외에 특정한 지점, 특정 시설에서 배출되는 오염물질이 있다. 바로 '점오염원(point source)'이다. 오염물질을 모아들여 그중 일부를 제거하는 하수처리장이나 폐수처리장도 점오염원이 될 수 있다. 공장이나 축산농가에서 아예 처리가 안 된 상태로 오염물질을 쏟아내는 경우도 점오염원이다.

이렇게 비점오염원과 점오염원에 의해 강과 하천에 영양물질이 들어오면, 영양물질이 수생태계에 축적되고 부영양화로 이어진다. 영양물질이 부족할 때도 남세균이 자랄 수는 있지만, 영양물질이 풍부하게 존재하면 남세균은 훨씬 빨리 성장할 수 있고, 개체수를 더 많이 늘릴 수 있다. 부영양화된 강과 호수에서 남세균 등 조류가 대대적으로 성장하면, 결국 녹조가 발생한다. 독소를 생산하는 조류가 녹조를 일으킬 경우 '유해 조류 대발생(hazardous algal blooming, HAB)'이 될 수도 있다.

비점오염원과 점오염원 외에 강이나 호수 퇴적토에 쌓여있던 영양물질이 수층으로 녹아 나오면서 남세균 성장을 촉진하고, 녹조를 유발할 수도 있다. 특히, 녹조가 발생하면서 저층의 산소가 고갈될 경우 퇴적토에서는 더 많은 영양물질이 녹아 나올 수 있다.

선박의 스크루가 퇴적토 가까이에서 강하게 회전하거나 선박 운항으로 파도가 강과 호수 사면에 부딪히는 경우 등 호소나 강바닥 퇴적토가 물리적 충격으로 교란될 때 퇴적토 자체가 수층으로 떠오르는 경우도 있다. 이런 것을 '퇴적토의 재부유(resuspenstion)'라고 하며, 이때 영양물질이 수층에 공급된다. 아울러 재부유가 발생할 때 가라앉아 있던 조류나 조류의 휴면포자(cyst) 역시 재부유해서 조류의 대발생을 부추길 수도 있다.

생물체를 구성하는 주요 원소는 탄소(C), 수소(H), 산소(O), 질소(N), 황(S), 인(P), 칼륨(K), 칼슘(Ca), 철(Fe), 마그네슘(Mg) 등이고, 생물체에는 대체로 이 순서로 많이 들어있다. 이들 원소는 생물체에서 일정한 비율을 나타낸다.

그 비율 중에서 가장 중요한 것이 C:N:P 비율, 즉 탄소:질소:인의 비율이고, 그중에서도 질소:인의 비율이 중요하다. 자연계에서 탄소나 수소, 산소, 황 등은 다른 원소와 비교할 때 부족한 경우가 별로 없다. 대신 질소나 인이 부족할 경우가 많다. 보통 C:N:P 비율은 106:16:1로 알려져 있고, N:P 비율은 16:1로 알려져 있다. 이런 원소 비율로 생물체, 특히 조류의 세포가 구성된다는 얘기다.

이는 '리비히의 최소량의 법칙(Liebig's law of minimum)'과 관련이 있다. 1843년 독일의 과학자 유스투스 폰 리비히(Justus von Liebig)가 내놓은 법칙으로, 생물체의 생육은 필요한 원소 가운데 가장 적게 존재하는 원소 또는 양분에 의해 결정된다는 법칙이다. 어떤 원소가 필요한 양(혹은 비율)보다 작다면 다른 원소가 아무리 많아도 생육할 수 없다는 것이다.

물속에 들어있는 영양염류의 질소:인 비율, 즉 N:P 비율은 물에서 사는 남세균 등 조류의 성장과 번식에 영향을 줄 수 있는 중요한 요소다. 남세균의 경우 종에 따라 선호하는 질소:인의 비율이 달라질 수 있지만, 10:1~20:1 범위에서 대체로 16:1에 근접한다.

질소의 양이 인의 16배가 넘으면, 질소가 아무리 많아도 남세균의 성장을 더 이상 부추길 수 없고 남세균 성장은 인의 양에 의해 좌우된다. 또 질소의 양이 인의 양의 16배보다 적으면, 인은 남

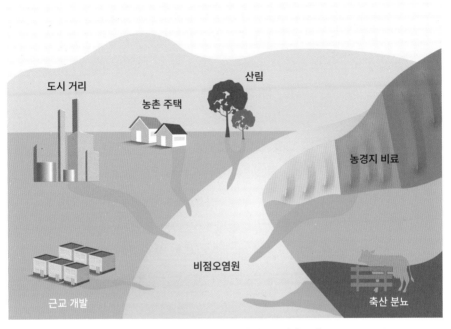

도시 거리

산림

농촌 주택

농경지 비료

근교 개발

비점오염원

축산 분뇨

강과 호수를 오염시키는 비점오염원 사례. NOAA의 자료를 다시 그림

아돌게 되고 남세균의 성장은 질소의 양에 의해 결정된다.

일부 남세균의 경우 대기 중의 질소를 고정하고 이를 성장에 이용할 수 있으므로 강과 호수 생태계에서 가장 중요한 영양물질은 인이다. 바다의 경우 대체로 질소가 부족한 생태계여서 질소가 남세균의 성장을 제한한다. 질소의 양이 제한된 상황이라면 질소 고정을 할 수 있는 남세균에게 상대적으로 유리하다.

남세균의 녹조를 방지하기 위해서는 강이나 호수, 바다에 영양물질이 과도하게 들어가지 않도록 해야 한다. 부영양화를 막기 위해서는 농업에서 비료 사용을 줄이고, 비점오염원 유입을 막는 노력이 필요하다. 하수처리장이나 폐수처리장에서는 질소와 인까지 제거하는 시설을 도입할 필요가 있다.

강과 호수에서 녹조 발생이 얼마나 잘 일어나는 상태인지를 파악하기 위해 '영양 상태 지수(trophic state index, TSI)' 혹은 부영양화 지수를 지표로 사용하기도 한다.[6]

환경부는 호수의 수질을 평가하기 위해 부영양화 지수를 개발했으며, 화학적 산소요구량(COD)과 총인(TP), 엽록소a 등 3개 항목으로 산출하는 방식이다. 부영양화 지수가 30 미만이면 깨끗한 빈(貧)영양 단계, 지수가 30~50 미만은 중(中)영양, 50~70 미만은 부(富)영양, 70 이상은 과(過)영양 단계로 분류한다.

녹조의 번성, 남세균 탓인가 사람 잘못인가

4.
녹조가 생기면 pH도 치솟는다

~~~~~~

남세균의 성장과 녹조 발생에는 수소이온 농도(pH)나 용존산소, 염분 같은 환경요인들도 영향을 미친다. 먼저 물의 수소이온 농도(pH)는 남세균의 녹조와 영향을 주고받는다. pH가 남세균 성장과 녹조 발생에 영향을 줄 수 있고, 역으로 남세균 녹조가 수층의 pH에 영향을 줄 수도 있다.

수소이온 농도

물이나 수용액의 산성 혹은 염기성(알칼리성) 정도를 나타내는 것을 수소이온 농도 혹은 산도(acidity)라고 한다. 수소이온 농도는 보통 pH 단위로 표시한다. 수소이온 농도가 높을수록, 즉 산성이 강할수록 pH 값은 작아진다. 반대로 수소이온 농도가 낮을수록, 즉 염기성이 강할수록 pH 값은 커진다.

pH 값은 1~14의 범위를 갖는데, 순수한 물은 중성으로서 pH 7.0으로 표시된다. 일반적인 강과 호수의 물은 pH가 6.5~8.5 범위에 든다. 하지만 녹조와 적조 등 식물성 플랑크톤이 크게 번식한 경우에는 pH가 11에 이르기도 한다. 염기성을 띠는 암모니아의 pH가 11이 넘는다.

일반적으로 물속에 이산화탄소가 일부 녹아있기 때문에 빗물도 그렇고 강이나 호수도 약한 산성을 띠는 것이 보통이다. 그런데 광합성을 하는 동안 남세균은 물에서 이산화탄소(CO_2)를 소비하는데, 용해된 이산화탄소의 농도를 감소시킨다. 이때 물속의 수소이온이 사라지고, 물의 pH가 증가하는 것이다. 약한 산성을 띠던 물이 중성이 되고, 더 심하면 알칼리성이 되는 것이다. 또한 일부 남세균 종은 대사 부산물로 암모니아 및 요소와 같은 알칼리성 물질을 생성하며, 이는 물의 pH 증가에 추가로 기여할 수 있다.

일반적으로 남세균은 pH 값이 7~9인 환경에서, 즉 중성 또는 약한 알칼리성을 띠는 수층에서 잘 자라는 경향이 있다. 이 범위보다 더 산성이거나 더 알칼리성인 경우 남세균의 성장과 증식이 억제될 수 있지만, 일부 종은 이보다 산성 환경에서, 일부 종은 이보다 알칼리성 조건에서도 견딜 수 있다.

예를 들어, 마이크로시스티스(*Microcystis aeruginosa*)와 같은 일부 남세균 종은 7.5~9.5의 pH 범위에서 잘 자라고, 아나베나와 같은 다른 종은 6.8~8.0 사이의 약간 낮은 pH 범위에서 잘 자라는 것으로 밝혀졌다. 남세균 녹조가 심한 경우에는 호수의 pH가 11까지도 상승할 수 있다. 남세균 종들은 서로 다른 최적의 pH를 가질 수 있고, pH 변화에도 다르게 반응할 수 있다.

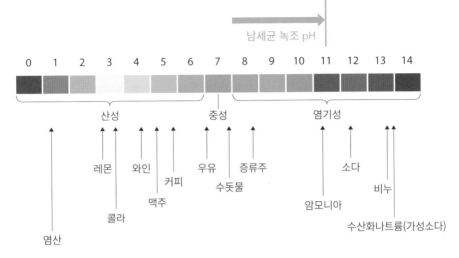

남세균 녹조 pH

| 0 | 1 | 2 | 3 | 4 | 5 | 6 | 7 | 8 | 9 | 10 | 11 | 12 | 13 | 14 |

산성   중성   염기성

레몬
콜라
와인
맥주
커피
우유
수돗물
증류주
암모니아
소다
비누
수산화나트륨(가성소다)
염산

우리 주변 물질들의 산성도(pH)

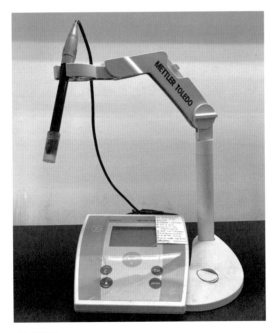

pH 측정기

한편, 일부 남세균은 알칼리성에도 잘 견디기 때문에 처음부터 물의 pH가 높다면, 다른 조류에 비해 남세균의 성장과 증식에 유리한 조건을 제공하는 셈이 된다. 산업 또는 농업 폐수의 배출과 같은 인간 활동은 물의 pH 변화를 초래할 수 있으며, 이는 다시 남세균의 성장을 촉진할 수 있다.[7]

인류가 석탄, 석유 등 화석연료를 사용하면서 대기 중 이산화탄소 농도가 지속적으로 증가하고 있다. 이산화탄소 농도의 증가는 남세균 녹조 때 광합성으로 수층의 이산화탄소 농도가 줄었을 때 이를 보충해주는 역할을 할 수 있기 때문에 대기 중의 이산화탄소 농도가 상승하면 남세균의 성장이 촉진될 수 있다.[8]

용존산소(dissloved oxygen, DO)

물에 녹아있는 산소의 농도를 용존산소라고 한다. 산소를 생성하는 남세균은 광합성을 하는 낮에는 강과 호수의 용존산소 농도를 높인다. 이를 통해 물고기나 다른 수중 동물의 생존에 도움을 줄 수 있다.

하지만 광합성이 일어나지 않는 밤에는 남세균도 호흡하고 산소를 소모하기 때문에 물속의 산소 농도가 줄어들 수 있다. 남세균으로 인해 물속 산소 농도가 매우 낮아지면 수중 동물에게 해로울 수도 있다. 특히, 녹조 후에 남세균이 분해될 때 용존산소가 고갈될 위험이 크다. 세균이나 곰팡이가 남세균 녹조로 쌓인 유기물을 분해하면서 산소를 소비하면, 강이나 호수 저층은 저산소 혹은 무산소 상태가 될 수도 있다. 저층이 저산소나 무산소 상태가 되면 퇴적토에 있는 질소나 인 등 영양염류가 녹아 나와 남세균 성

　　　　　　　　녹조의 번성, 남세균 탓인가 사람 잘못인가

장을 부추길 수도 있다.

염분(salinity)

남세균은 종류에 따라 강과 호수 같은 담수에 서식하는 종류도 있고, 염분이 많은 호수나 바다에 서식하는 종류도 있다.[9] 일부 남세균은 염호(짠물 호수) 등 고염도 환경에 적응해 살아가는데, 최대 10~15%의 염분 농도가 있는 물에서 생존하고 번성할 수 있다. 바닷물 염분 농도가 보통 3~4%인 점을 고려하면 대단히 높은 염분 농도다. 고염도 환경에 적응한 남세균은 보통 삼투압을 조절할 수 있는 용질을 생성하기도 하고, 세포막 내의 이온 채널을 통해 삼투압을 조절하는 등 염분 스트레스를 해결하기 위한 특수한 메커니즘을 갖는 경우가 많다.

담수의 남세균이 하구를 통해 바다로 이동할 경우 남세균의 생존은 다양한 환경요인의 영향을 받게 된다. 민물과 바닷물이 만나는 기수(brackish water), 강어귀 바닷물은 염도가 아주 높지 않은 데다 영양염류가 많아 민물 남세균이 생존하기에 더 유리할 수도 있다. 하지만 바다 쪽으로 더 흘러 나가면 해수의 염도가 높아지고 영양염류 농도도 낮아져 민물 남세균의 생존에 불리할 수 있다.

5.
밭에선 부족, 물에선 과잉으로
부영양화 일으키는 인

2022년 여름 국내에서는 '무기질 비료 파동'이 발생했다. 요소(20kg)는 2019년 8,600원에서 2022년에는 2만 8,900원으로, 용성인비(20kg)는 8,850원에서 1만 3,600원으로 급등했다. 중국의 무기질 비료 원자재 수출 제한에 러시아-우크라이나 사태로 비료 수출 제한 조치가 나오면서 그 여파가 국내에도 미친 것이다. 2020년 이후 인광석과 인 비료의 국제 가격은 4배 수준으로 치솟았다.

문제는 이런 비료 가격 상승이 일시적인 현상인가 하는 점이다. 대기 중의 질소를 원료로 만드는 질소 비료와는 달리 인광석을 원료로 하는 인 비료는 구조적인 문제를 갖고 있어 일시적인 상승으로 치부하기 어렵다는 우려가 2022년부터 쏟아지고 있다.[10]

원소 번호 15번 인(phosphorus)은 식물 성장에 꼭 필요한 성분

녹조의 번성, 남세균 탓인가 사람 잘못인가

이지만, 21세기 인류에게 두 가지 숙제를 한꺼번에 던지고 있다. 농업 생산을 위해 인 비료를 어떻게 하면 원활히 공급할 것이냐, 또 인으로 인한 수질오염을 어떻게 해결할 것이냐 하는 문제다. 해마다 전 세계 농경지에 뿌린 인 비료 성분 가운데 34%가 빗물에 씻겨 강과 호수, 바다로 들어오고, 부영양화를 일으켜 녹조 발생 원인으로 작용한다. 논밭에서는 부족, 물에서는 과잉. 이 둘은 동전의 양면과도 같은 숙제이며, '쌍둥이 위기'이기도 하다.

2022년 6월 유엔 환경계획(UNEP)의 지원을 받은 영국 생태·수문센터(UKCEH)와 에든버러대학을 비롯한 세계 17개국 40명의 국제전문가팀이 발간한 『우리 인의 미래(Our Phosphorus Future)』라는 보고서는 이 문제를 집중적으로 다뤘다.[11]

인 비료의 재료는 인광석이다. 미국 지질 조사국은 2020년 전 세계 인광석 매장량을 700억 톤으로 추정했다. 지난 50년 동안 인구 증가 등으로 인해 전 세계 인광석 채굴은 4배로 늘었다. 2020년 채굴한 인광석은 2억 2,300만 톤이다. 현재 추세라면 앞으로 300년 동안 문제없이 사용할 수 있는 양이고, 신기술이 개발하면 고갈 시기는 더 늦춰질 수 있다.

문제는 인광석의 85%가 모로코, 중국, 알제리, 시리아, 브라질, 호주 등 6개 나라에 집중돼 있다는 점이다. 모로코 한 나라가 전 세계 인광석의 70%를 갖고 있다. 일부 국가에서 정정(政情)이 불안해지면 안정적인 인광석 공급이 어려워질 수도 있다는 얘기다. 실제로 2008년 에너지, 식량 가격이 요동치고, 수출 통제 등이 맞물리면서 인광석 가격이 일시에 800%나 급등했다.

일부에서는 여러 요소를 고려하면 50년 후, 빠르면 20~30년

후부터 수급이 불안정해질 수도 있다고 우려한다. 중국의 인광석 매장량은 5%도 안 되지만, 2019년 전 세계 인광석 생산의 52%를 차지했다. 중국의 채굴량은 최근 빠르게 줄고 있고, 매장량이 작은 미국과 러시아에서는 향후 46년 이내에 자체 인광석을 소진할 것이란 전망도 나온다.

일부 전문가들은 기후변화에 앞서 지구가 직면한 가장 심각한 문제 중 하나로 인 오염을 꼽기도 한다. 이미 농지에 인이 과잉인 경우도 많지만, 해마다 많은 양의 인을 농지에 투입하고 있다. 사용 효율이 낮기 때문이다.

지난 세기 동안 전 세계에서 강과 호수로 들어가는 인의 양이 연간 500만 톤에서 900만 톤으로 거의 두 배로 늘었고, 현재 추세라면 2050년까지 다시 두 배로 늘어날 수도 있다. 인 성분이 하천과 호수로 들어가면 남세균 등의 녹조를 불러온다. 보고서를 쓴 전문가들은 담수 부영양화와 기후변화로 녹조가 심화할 전망이고, 늘어나는 댐 건설로 인해 더욱 악화할 것이라고 우려했다.

미국에서는 지난 수십 년 동안 인간 활동으로 인해 강은 전체의 72%가, 호수는 79%가 인 농도가 배경 수준을 초과했다. 부영양화와 유해 조류 녹조로 인해 미국 경제에 연간 22억 달러(약 2조 8,000억 원)의 비용이 발생하는 것으로 추산한 연구도 있다.

바다에 들어간 인은 적조 등 식물성 플랑크톤의 대발생을 일으킨다. 식물성 플랑크톤이 사멸하고 분해될 때는 수층의 산소가 고갈돼 '무산소층'이 나타나는데, 무산소층은 물고기 등 동물이 사라지는 '데드 존(dead zone)'이다. 전 세계적으로 400곳이 넘는 해안 생태계가 '데드존'으로 보고됐다. 다 합치면 한반도 면적보다

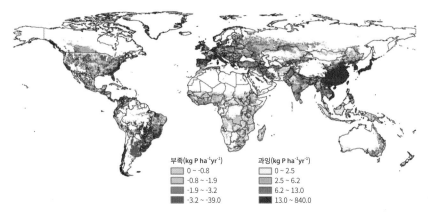

부족(kg P ha⁻¹yr⁻¹)
- 0 ~ -0.8
- -0.8 ~ -1.9
- -1.9 ~ -3.2
- -3.2 ~ -39.0

과잉(kg P ha⁻¹yr⁻¹)
- 0 ~ 2.5
- 2.5 ~ 6.2
- 6.2 ~ 13.0
- 13.0 ~ 840.0

토양의 인 농도. 하늘색과 파란색은 인이 부족한 곳, 노란색과 빨간색은 인이 과잉인 곳을 나타낸다. 한국도 인 과잉 지역에 속한다. 각 단계는 4분위수를 기준으로(상위 0~25%, 25~50%, 50~75%, 75~100%)로 구분했다(자료: MacDonald et al., 2011).

나우루의 인광석의 2차 채굴 현장. 남태평양의 작은 섬나라인 나우루공화국은 1900년경 비료의 원료인 양질의 인산염을 함유한 인광석이 발견되어 수출로 고소득을 올렸으나 국가 지표면의 80%까지 채광하여 2000년에 거의 고갈되었다. 100년가량 지속된 인광석 채굴로 나우루의 국토는 황폐해지고 경제도 몰락하고 말았다. 최근에는 소규모 채굴이 되고 있다. ⓒ Lorrie Graham(wikimedia)

조금 더 넓은 24만 5,000km²이나 된다.

『우리 인의 미래』 보고서는 전 세계 정부가 2050년까지 인 오염을 50% 줄이고, 영양소 재활용을 50% 늘리는 "50, 50, 50" 목표를 채택할 것을 촉구했다. 농지에서 사용하는 인의 사용 효율을 높이고, 하수처리장 등에서 인을 따로 모아 비료로 재활용해야 한다는 것이다. 인과 관련된 '쌍둥이 문제', 즉 인 공급 문제와 지표수 부영양화 문제를 한꺼번에 해결하기 위한 해결책이다.

보고서는 "가축 분뇨 속의 인을 비료로 활용, 육식을 줄인 지속가능한 식단 채택, 음식물 쓰레기 줄이기, 오·폐수 처리시설 확충과 개선을 통한 인 재활용" 등을 제안했다.

한편, 국내 농지는 양분 수지가 경제협력개발기구(OECD) 1위로 꼽힐 정도로 과잉 영양 투입이 문제로 지적되고 있다. 농업 생산에 사용된 비료 성분 중 작물에 흡수되지 못하고 유출되는 비료 성분을 양분 수지라고 하는데, OECD 자료에 따르면 2017년 기준 한국의 양분 수지는 ha당 질소가 212kg으로 세계 1위, 인은 46kg으로 세계 2위 수준이다.

녹조의 번성, 남세균 탓인가 사람 잘못인가

6.
인 제거한다고 녹조 문제가 해결될까?

~~~~~~

호수를 연구하는 학문을 호소학(湖沼學)이라고 하고 하며, 영어로는 'Limnology'라고 한다. 그리스어로 'λίμνη(limne)'는 호수(lake)를 의미한다. 육수학(陸水學)이라고 하는 것은 육지와 바다를 가르는 육지 경계 내에 있는 물, 즉 강물과 호수, 연못, 습지 등을 모두 공부하는 학문을 의미한다. 호소학은 육수학의 일부인 셈이다.

호수를 연구하는 학자들은 수십 년 전부터 호수에서 남세균을 포함한 조류의 녹조 현상 혹은 조류 대발생에 대해 많은 관심을 갖고 연구했다. 특히, 질소와 인 등 영양염류가 녹조나 조류 대발생에 어떤 영향을 미치는가에 대한 연구를 많이 했다.

가깝게 위치한 호수들을 골라 하나는 그대로 두고, 다른 하나에는 질소 혹은 인을 직접 투입하는, '전체 호수 실험(whole-lake experiment)'을 진행하기도 했다. 어떤 경우는 호수를 반으로 나눠

한쪽에만 질소 혹은 인을 투입해 그 영향을 관찰하기도 했다.

그러다가 호수에 투명한 아크릴 원기둥을 여럿 설치해 실험을 하기도 했다. 태양광이나 수온 등 환경요인은 똑같이 하고 영양염류나 동물성 플랑크톤, 물고기는 달리하면서 호수에서 실험을 진행하는 경우도 있었다. 이를 '메조코즘(mesocosm) 실험'이라고 한다. 실험실의 배양 플라스크를 '작은 우주(microcosm)'라고 한다면, 이 메조코즘은 '중간 크기의 우주'쯤 되는 셈이다. 아무튼 이런 실험 과정을 거쳐 질소와 인과 같은 영양염류가 남세균이나 다른 조류의 성장에 중요하다는 사실을 학자들은 파악하게 됐다.

그런데 2022년 5월 과학저널 『사이언스(Science)』에는 이런 전통적인 이론과 다소 차이가 나는 내용의 논문이 게재됐다. 물속의 질소 농도를 낮추면 남세균의 독소 생성이 제한되지만, 인을 제거하면 오히려 독소 농도가 증가한다는 것이다.

미국 미시간대학과 독일 베를린공과대학교 등에 소속된 연구팀은 논문에서 "미국 이리호의 남세균을 대상으로 모델링한 결과, 인 성분이 줄어들면 남세균 독소인 마이크로시스틴 생성은 더 많아질 수도 있다"라고 밝혔다.[12, 13]

강과 호수에서 녹조가 발생하는 것을 예방하기 위해 하수처리장에서는 인(P) 제거 시설을 가동한다. 녹조 원인 생물인 남세균이 질소(N)와 인 같은 영양물질을 먹고 자라기 때문이다. 강과 하천에 질소는 충분하지만, 인이 부족한 경우가 많아서 인을 제거한다면 남세균 녹조를 막을 수 있다는 원리에 바탕을 두고 있다. 하지만 인을 제거할 경우 남세균 성장은 막을 수 있지만, 남세균이 독소를 더 많이 생산할 수도 있다는 것이다.

연구팀은 세계 각국에서 연구된 내용을 토대로 질소와 인, 광량 등의 조건에 따라 남세균이 마이크로시스틴을 얼마나 생산하는지를 예측하는 모델을 만들었다. 연구팀은 질소와 인 모두 40%씩 제거한 경우는 남세균 생물량(biomass)은 30% 정도 감소하고, 독소 생산도 10% 감소하는 것으로 나타났다. 질소만 40% 제거했을 때는 남세균 생물량이 20% 감소하고, 독소 생산도 10% 감소했다. 하지만 인만 40% 제거했을 때는 남세균 생물량은 20% 줄었지만, 독소 생산은 오히려 20% 가까이 늘었다.

연구팀은 논문에서 "인만 제거했을 경우에도 남세균 성장이 억제되는데, 남세균 숫자가 줄면서 질소를 차지하려는 남세균 사이의 경쟁이 줄었고, 이로 인해 남세균이 독소인 마이크로시스틴 생성에 필요한 질소를 쉽게 확보할 수 있기 때문으로 보인다"라고 설명했다.

남세균은 광합성을 할 때 세포 내에서 생성되는 과산화수소(H_2O_2)로 인한 손상을 피하기 위해 마이크로시스틴을 만드는 것으로 알려졌다. 실제로 과산화수소에 노출할 경우 마이크로시스틴을 만드는 남세균이 마이크로시스틴을 만들지 않는 남세균보다 더 잘 생존한다. 남세균이 마이크로시스틴을 만들기 위해서는 질소가 필요한데, 질소가 많을 때 마이크로시스틴 합성도 많아진다는 것이 연구팀의 설명이다. 연구팀은 "수질을 관리할 때 인을 제한하려고 노력하지만, 이는 오히려 남세균이 질소와 빛을 더 잘 이용할 수 있도록 도와는 주는 셈이고, 독소 농도를 증가시키게 된다는 것을 의미한다"라고 강조했다.

북아메리카 5대호 중의 하나로 미국과 캐나다 사이에 위치한 이리호는 과거부터 남세균의 녹조가 심각했고, 2014년 8월에는 이리호에서 취수한 물로 만든 수돗물에서 남세균 독소가 검출되면서 오하이오주 톨레도 주민이 3일 동안 수돗물을 마시지 못한 사례도 있었다. 이에 미국과 캐나다는 2015년 공동 이행계획을 마련해 이리호로 들어가는 인의 양을 40% 줄이는 수질 개선 사업을 진행하고 있다. 연구팀은 "이 연구 결과는 그동안 이리호나 다른 강과 호수 등에서 인을 줄인 후에 독소를 만드는 남세균이 재출현한 이유를 설명해준다"라고 덧붙였다.

지하에 설치한 국내 하수처리장의 모습

녹조의 번성, 남세균 탓인가 사람 잘못인가

7.
고인 물은 썩는다 … 녹조와 체류시간

강의 유속이나 호수의 체류시간이 남세균의 녹조 발생에 영향을 미칠 수 있다. 남세균의 증식속도는 여러 환경요인에 의해 결정되지만, 그 증식속도와 체류시간에 따라 녹조가 발생하느냐가 결정되는 것이다. 물론 남세균 종마다 증식하는 속도가 다르고, 같은 종이라도 여러 환경요인에 따라 증식속도가 달라진다.

체류시간(residence time)은 호수와 댐, 저수지, 보 등에서 물이 들어가서 흘러나오기 전까지 그곳에 머무는 시간을 말한다. 체류시간은 호수의 크기와 모양, 물의 유입량과 저수량, 방류량(혹은 물의 유입 속도와 방류 속도) 등에 따라 달라진다.

호수에서 남세균이 증식을 통해 숫자가 늘어나는 데 걸리는 시간보다 체류시간이 더 길면 남세균 숫자는 당연히 증가할 것이다. 반대로 증가하는 시간보다 체류시간이 짧다면 호수에서 남세균 숫자가 늘어나는 것을 관찰하기는 어렵다. 강에서는 강물이 하류로 흘러가는 동안 남세균이 증식할 수 있는데, 강물이 흘러가는 시간이 증식 시간 이상이면 하류에서는 남세균 숫자가 상류보다 늘어나 있을 것이다.

물이 정체되거나 느리게 움직이는 경우 남세균이 성장할 수 있는 시간을 벌게 된다. 태양광이나 수온, 영양염류 등 다른 조건이 갖춰져 있는 상태에서 물의 체류시간이 길면 남세균이 충분히 자랄 수 있고, 녹조로 이어질 수 있다.

사실 남세균 녹조와 체류시간 상관관계는 이명박 대통령 정부의 4대강 사업과 관련해 오랫동안 논란의 대상이 됐다. 한강, 낙동강, 금강, 영산강에 쌓은 16개의 보(weir) 건설로 호수가 생기고, 이에 따라 체류시간이 크게 증가했는데, 이것이 녹조 발생과 관련이 있느냐 하는 것이 논란의 핵심이었다.

4대강 사업을 찬성한 쪽에서는 "보로 인해 물이 많아지면 희석 효과로 인해 수질이 개선되는 것이고, 4대강 사업 전에서 수량이 부족한 강에서 녹조가 발생하기도 했다"라고 주장했다. 이에 대해 4대강 사업을 반대한 쪽에서는 "보로 인해 체류시간이 길어지면서 녹조가 발생할 여건이 갖춰지게 된 것"이라고 맞섰다. 또 "4대강 사업 전에는 일부 정체 구간이나 하류에서만 녹조가 발생한 데 비해 4대강 사업 후에는 상류에서도 녹조가 발생한다"라고 지적했다.

이런 논란은 최근 여러 연구 결과가 발표되면서, 보로 인한 체류시간 증가가 4대강, 특히 낙동강에서 녹조가 심해진 이유라는 것이 명백해졌다.

2020년 5월 한양대학교 산학협력단과 한국생태연구소는 「낙동강수계 녹조 우심지역 조류 발생 및 거동 특성 정밀조사 연구」라는 제목의 보고서를 낙동강 수계관리위원회에 제출했다. 이 보고서의 핵심 내용은 "낙동강에서는 과거에도 녹조가 발생했으나, 4대강 사업으로 인해 녹조 발생이 확대되고 심해졌다"라는 내용이다. 특히, 체류시간이 5일이 넘으면 녹조가 발생할 수 있다는 실험 결과도 제시됐다. 폭우가 쏟아지지 않는 상황이면 낙동강 8개의 보 체류시간은 보통 10일이 넘는다.[14, 15]

　　보고서에 따르면, 낙동강 수계에서는 1987년 하굿둑 건설 이후 하류 구간인 물금 지역에서 이미 1994년부터 매년 남세균의 일종인 마이크로시스티스가 대량 증식하는 녹조현상이 발생해왔다. 4대강 사업으로 인한 보를 건설한 후에는 하류뿐만 아니라 가장 최상류 보인 상주보까지 녹조현상에 의한 피해가 발생하는 등 낙동강 전 구역에서 남세균 녹조의 발생과 확산 현상이 가속화되고 있다고 보고서는 지적했다.

　　낙동강 상류 구간에서는 인산염의 농도가 크게 달라지지 않았는데도 체류시간 증가로 인해 (녹조의 지표인) 엽록소a 농도가 증가했다. 4대강 사업으로 보를 건설하면서 체류시간이 늘어났고, 이로 인해 조류의 종류도 남세균으로 바뀌었다는 것이다.

　　연구팀은 남세균을 4.5L 수조에서 연속배양하면서 체류시간을 1일, 7일, 30일 등으로 변화시키는 모의실험을 진행했다. 이를 통해 체류시간이 짧은 조건에서는 규조류가 우세하지만, 체류시간이 길어질수록 남세균이 우점할 수 있음을 확인했다. 특히 마이크로시스티스는 체류시간 5일 이상인 조건에서 높은 현존량(농도)

금강 백제보의 모습

녹조의 번성, 남세균 탓인가 사람 잘못인가

을 보이는 것으로 확인됐다.

2021년 11월 미래생태(주), 해양환경연구소(주), 한국생명공학연구원, 응용생태공학회 등이 환경부 국립환경과학원에 제출한 「보 구간 광역 조류 정밀 모니터링(Ⅳ)」 보고서에도 비슷한 내용이 담겼다.[16, 17] 낙동강 등 4대강에서 해마다 여름이면 창궐하는 유해 남세균인 마이크로시스티스의 녹조가 발생하는 데 필요한 조건은 빗물과 함께 들어온 인(P) 성분과 높은 수온, 긴 체류시간 등 세 가지라는 것이다.

국립환경과학원 낙동강물환경연구소 연구팀도 2023년 2월 『환경 기술과 혁신(Environmental Technology and Innovation)』이란 국제 저널에 발표한 논문에서 "낙동강에 건설된 8개의 다기능 보가 수질에 전반적으로 악영향을 미친다"라고 지적했다.[18, 19] 비가 내릴 때 주변 농경지 등에서 질소와 인 같은 영양염류가 씻겨 강으로 들어오지만, 장마철 이후에는 유량이 줄면서 보로 갇힌 강물이 정체되고, 이로 인해 강의 부영양화가 가속하기 때문이란 설명이다.[20]

결국 이런 논문과 보고서 등을 살펴보면, '고인 물은 썩는다'라는 속담이 맞다는 것을 말해준다. 4대강에서 녹조를 줄이기 위해서는 보 수문을 열고 체류시간을 줄여야 한다는 것이 국내 전문가들의 대체적인 주문인 셈이다.

8.
체류시간 232일 소양호에는
왜 녹조가 안 생길까?

∽∽∽∽

"4대강 보에 물이 갇혀 녹조가 생긴다면, 물이 232일씩 갇히는 소양호엔 왜 녹조가 안 생기는 겁니까?" 2017년 5월 2일 중앙선거관리위원회가 주최한 대선후보 사회 분야 TV 토론에서는 문재인 더불어민주당 후보와 홍준표 자유한국당 후보가 녹조를 주제로 공방을 벌였다.[21]

홍 후보는 "(느려진) 강의 유속 때문에 녹조가 많이 발생하는 것이 아니라, 지천에서 흘러들어온 질소와 인을 포함한 축산폐수, 생활하수가 고온다습한 기후와 만났을 때 녹조가 생긴다"라며 "232일이나 갇혀 있는데 소양댐에는 녹조가 없다"라고 지적했다. 체류시간이 긴 소양호에서 녹조가 안 생기는데, 체류시간이 그보다 훨씬 짧은 4대강 보에서 녹조가 생기더라도 그게 체류시간 탓은 아니라는 주장이었다.

녹조의 번성, 남세균 탓인가 사람 잘못인가

문 후보는 "질소와 인을 줄이려는 노력은 지금도 계속하고 있다. 그것만 가지고 해결이 안 되니까, 또 물을 가둬뒀기 때문에 (녹조가 발생하고 수질이) 악화한 것 아니냐"라고 반박했다.

대선 주자가 정치 문제가 아닌 환경문제, 그것도 녹조 원인을 놓고 토론을 벌였다는 것 자체가 흔한 일은 아니었다.

이명박 정부도 4대강에 보를 쌓으면 녹조가 생길 것이란 지적을 의식해, 하수처리장에 인 처리 시설을 확충하는 데 적지 않은 돈을 들였다. 그 결과, 4대강 사업으로 수질이 개선된 것은 분명한 사실이다.

중요한 것은 보를 막아 강물을 가둬도 될 정도까지 수질이 충분히 개선됐느냐 하는 것이다. 그걸 따져 볼 수 있는 것이 바로 부영양화 지수 혹은 영양 상태 지수(trophic state index, TSI)다.[6]

사람으로 따지면 비만 정도를 나타내는 체질량 지수(body mass index, BMI) 같은 것이다. 이 체질량 지수는 체중(kg)을 키의 제곱(m²)으로 나눈 값을 말한다. 사람에게 BMI가 있다면 호수나 강에는 TSI가 있다. 이 수치를 가지고 수질 상태를 종합적으로 판단할 수 있다.

TSI 수치가 높다면, 호수도 사람처럼 영양 과잉이라서 녹조가 자주 발생한다는 뜻이고, 수질 개선을 위해 강이나 호수도 '다이어트'를 해야 한다는 것이다.

TSI를 처음 개발, 제안한 사람은 로버트 칼슨(Robert Carlson)이다. 1977년 미국 미네소타대학 육수학 연구소 소속이던 칼슨 교수는 투명도와 엽록소a 농도, 총인(TP) 등으로 0~100 사이의 TSI 수치를 산출하는 방법을 제시했다. 투명도는 지름 30cm쯤 되는 흰색 원반(secchi disc)을 줄에 묶어 물속에 드리우고 그 원반이 마지막까지 보이는 깊이를 측정하는 것이다.

TSI는 이렇게 세 가지 항목의 측정치를 계산식에 넣어 최종적으로 수치를 산출하게 된다.

한국에서는 환경부가 호수의 수질을 평가하기 위해 별도의 TSI를 개발했는데, 화학적 산소요구량(COD)과 총인(TP), 엽록소a 등 3개 항목으로 산출하는 방식이다. 화학적 산소요구량은 물속 유기물의 농도를 측정하는 항목이다. 조류가 많이 자라면 유기물 농도, 즉 COD 수치도 상승한다.

어쨌든 산출한 부영양화 지수가 30 미만이면 물이 깨끗한 빈영양 단계로, 지수가 30~50 미만은 중영양, 50~70 미만은 부영양, 70 이상은 과영양 단계로 분류하게 된다. 사람처럼 중영양은 '과체중', 부영양 단계는 '비만', 과영양 단계는 '고도비만'으로 볼 수 있다.

소양호는 TSI로 따졌을 때 빈영양 호수다. 환경부 '물 환경정보시스템'에 제시된 소양호의 3년 치(2015~2017년) 수질 자료를 바탕으로 TSI를 산출한 결과, 소양호는 그 값이 24였다. 소양호는 빈영양 단계(0~30)에 속한다. 그러니 체류시간이 232일이나 돼도 녹조가 거의 안 생긴다.

북한강에서도 하류에 위치한 수도권의 상수원인 팔당호의 경우 2015~2017년 기준 TSI는 45로 중영양 단계였다. 팔당호가 물이 대체로 맑은 편이지만 가끔 녹조가 발생하고, 수돗물에 악취가 날 때가 없지 않다.

소양호와 같은 방식으로 한강 등 4대강 16개 보의 대표 측정

강원도 춘천 소양호의 소양댐은 1973년 10월 15일 준공되어 2023년 50주년이 되었다.
© wikimedia

지점(보 상류 500m)에서도 2015~2017년 수질을 바탕으로 TSI를 구해봤다. 그 결과, 한강 강천보와 여주보는 46.5와 46.6으로 팔당호와 수치가 비슷했고, 같은 중영양 단계로 분류됐다.

한강 3개 보 가운데 가장 하류의 이포보는 50.1로 부영양 호수로 분류됐다. TSI 기준으로 볼 때 낙동강의 8개 보 전부와 금강의 3개 보 전부, 영산강 하류의 죽산보는 부영양 호수로 나타났다. 영산강 승촌보의 경우 TSI가 70.7로 유일하게 과영양 호수로 분류됐다.

한편, 경제협력개발기구(OECD)에서는 총인의 농도가 0.035ppm 이상이면 그것만으로 부영양 단계로 판정하는데, 16개 보 가운데 11개 보에서 이 기준을 초과했다. 부영양화 상태이기 때문에 소양호와는 달리 4대강 보에서는 체류시간이 20~30일이라도 녹조가 심하게 생길 수 있다.

결국 TSI 지수가 높아 '부영양화' 단계로 분류된다는 것은 녹조가 자주 발생하고 있거나, 발생할 가능성이 높다는 의미다. 녹조를 예방하려면 강과 호수도 다이어트를 해야 한다. 강이나 호수로 들어오는 영양물질을 대폭 줄여야 한다는 것이다.

오염물질이 강과 호수로 들어오는 것을 막지 못한다면 보 수문을 열어 녹조 문제를 해결하는 것도 방법이다. 강물이 흐르게 하는 것은 체중을 줄이기 위해 운동을 하는 것과 같다.

한편, 소양호는 4대강 보에 비해 수온이 낮고, 평균 수심이 44m로 훨씬 깊다. 빛이 들어가는 층(유광층, euphotic zone)이 전체 물 부피(29억m³)에서 차지하는 비율이 낮다. 그러니 남세균 녹조가 생겨도 희석될 수 있다.

9.
체류시간을 줄이면 녹조가 없어지나?

～～～～～

 4대강에 건설된 보 때문에 체류시간이 길어지고, 그래서 녹조가 생긴다고 한다. 그렇다면 수문을 열고 수위를 낮추고 저수량과 체류시간을 줄이면 녹조가 사라지고 수질이 나아질 것인가.

 수심이 얕고 부영양화된 호수에서 물을 빼 수위를 낮추면 저층의 산소 고갈 현상이 사라지고 남세균 녹조도 줄어든다는 실험 결과가 일본에서 발표됐다. 일본 국립환경연구소 연구팀은 2022년 12월 『담수 생물학(Freshwater Biology)』이란 국제 저널에 발표한 논문에서 "얕은 부영양 호수에서 수위를 낮추는 실험을 한 결과, 수질이 개선되는 결과를 얻었다"라고 밝혔다.[22]

 연구팀은 도쿄 동북쪽 이바라키현과 지바현 사이에 위치한 가스미가우라 호수 인근의 국립환경연구소 수질측정소에서 실험했다. 측정소 구내에는 길이 30m, 폭 10m, 깊이 4m의 야외수영

일본 국립환경연구소의 호수 수위 조절 실험시설(자료: Matsuzaki et al., 2022)

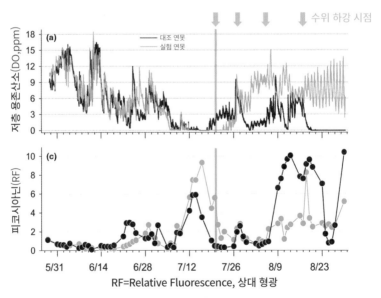

인공 연못에서 수위를 낮춘 결과(붉은색 실험 연못) 저층 용존산소가 다시 증가했고, 남세균 특유의 광합성 색소인 피코시아닌 농도는 낮게 유지됐다(자료: Matsuzaki et al., 2022).

장 형태의 인공 연못 두 개가 나란히 설치돼 있다. 바닥에는 가스미가우라 호수에서 1980~1990년대에 여러 차례 떠다 넣은 퇴적토가 30cm가량 쌓여있었다. 연구팀은 2021년 봄 여기에 가스미가우라 호수에서 새로 떠온 퇴적토를 2~3cm 두께로 덮었고, 모래로 여과한 호숫물을 수심 2.5m 높이로 채웠다. 연구팀은 우선 2021년 5월 28일부터 7월 20일 사이 연못에 영양분, 즉 비료 성분을 계속 투여해 인위적으로 부영양화시켰다.

그 결과, 두 연못 모두 남세균의 일종인 마이크로시스티스 녹조가 발생했다. 남세균을 포함한 여러 식물성 플랑크톤이 가진 엽록소a와 더불어 남세균 특유의 광합성 색소인 피코시아닌 농도도 치솟았다. 성층화 현상이 일어나면서 저층수에서는 용존산소(DO) 농도는 점차 감소해 7월 초에는 저산소 현상도 나타났다.

연구팀은 두번째 단계로 2021년 7월 20일부터 8월 30일 사이에는 두 개 연못 가운데 하나의 수위를 단계적으로 낮추면서 수질을 관측했다. 전기 펌프로 물을 빼는 방식으로 7~12일 간격으로 4차례 약 0.5m씩, 최종적으로 수심을 0.5m까지 낮췄다. 수위를 유지한 연못(대조 연못)에서는 성층화 현상과 녹조, 저층 저산소 상태가 유지됐지만, 수위를 낮춘 연못(실험 연못)에서는 저산소 상태가 사라졌다.

실험 연못에서는 엽록소a 농도가 약간 감소했고, 남세균 특유의 피코시아닌은 최대 46%까지 감소했다. 실험 종료 후 대조 연못의 퇴적토는 무산소 상태임을 나타내는 검은색이었고, 실험 연못의 퇴적토 표면은 갈색으로 산소가 풍부함을 나타냈다. 실험 연못에서는 퇴적물의 공극수(퇴적물 입자 사이 빈 곳을 채우는 물)에서의 암모니아와 인산염 농도가 낮았는데, 연구팀은 수위 저하로 인해 퇴적물에서 수층으로 영양분이 방출되는 것이 억제된 것으로 해석했다.

연구팀은 "부영양화로 인해 나타나는 두 가지 문제, 즉 남세균 녹조와 저산소 현상을 완화한다는 점에서 수위를 낮추는 것이 얕은 호수의 수질 관리에 매우 중요하다"라고 강조했다. 남세균 녹조는 남세균 사체가 바닥에 가라앉아 썩는 과정에서 저층의 저산소 상태를 유발하고, 저층의 저산소 상태는 퇴적토 영양분을 방출시켜 다시 남세균 녹조를 유발할 수 있다. 수위를 낮추면 바닥 가까운 곳까지 빛이 더 많이 도달하며, 표층수와 저층수 사이의 수온 차이가 줄어들면서 성층화 현상이 사라지고 수층의 완전한 대류 혼합이 가능해진다는 것이다.

그 결과, 표층수의 높은 산소 농도가 저층수까지 도달, 저산소 현상을 없애고 퇴적토에서 영양분이 녹아 나오는 것을 방지할 수 있다는 것이 연구팀의 설명이다. 연구팀은 또 "피코시아닌이 크게 줄었는데 이는 수위 감소가 남세균에겐 불리하게 작용하기 때문"이라고 덧붙였다. 남세균은 수층이 성층화돼 안정된 상태일 때 경쟁력을 갖기 때문이다.

연구팀은 "일시적으로 수층이 혼합될 수 있는 범위까지 수위를 낮추는 것(이 실험에서는 20~40%의 수위 감소)이 얕은 호수에서 여름 수질을 복원하는 데 유용한 관리 도구가 될 수 있다"라고 제안했다. 수위 조절을 통해 수질을 개선하는 것은 이행하기 쉽고, 비용도 적게 들며, 짧은 시간에 달성할 수 있다는 것이다.

연구팀은 "수위 저하는 물 공급·수요와 관련해 갈등을 빚을 수 있는데, 수자원 수요와 수질 관리 사이에서 공통분모를 찾는 노력이 필요하다"라며 "또한 수질 개선을 위한 수위 저하를 홍수 대비 전략에 포함하는 것도 필요하다"라고 지적했다.

한편, 이 같은 일본 국립환경연구소의 연구 결과는 국내 4대강 보 관리에도 적용이 가능할 것으로 보인다. 남세균 녹조가 심하게 발생하는 낙동강 등에서 보 수문을 열어 강물의 흐름을 유지하거나 수위를 1m 이하로 낮추면 녹조 저감 효과를 볼 수 있을 것으로 예상된다.[23]

한국과 일본이 장마와 태풍 등 비슷한 기후 조건을 갖고 있으며, 4대강 보가 수심이 최대 6m인 얕은 부영양화 호수이고, 남세균 녹조 발생이 잦고 저층에서는 무산소 상태도 나타나기 때문이다. 4대강 보의 수문을 탄력적으로 이용하고, 수위를 적절히 조절한다면 수자원 이용과 수질 개선이라는 두 마리 토끼도 잡을 수 있다는 얘기다.

10.
얕은 호수가 녹조에 취약하다

~~~~~~~

이명박 대통령 정권은 2009년부터 4대강 살리기 사업을 본격화했고, 한강 등에 모두 16개의 보를 건설했다. 이 때문에 강물 흐름이 정체되고 수심 6m 안팎의 호수가 생겨났다. 흐름이 정체되면서 강은 사실상 호수로 바뀌었다. 4대강 사업을 통해 주변 하수처리장에서 인 제거 시설을 확충했지만, 비점오염원을 통해 영양염류가 유입되면서 호수가 부영양화됐다. 수심이 얕고 부영양화된 호수는 녹조가 발생하기 딱 좋은 환경이 됐다.

이러한 사실은 4대강 16개 보에만 해당하는 것이 아니다. 전 세계 수심이 얕고 부영양화된 호수에 그대로 적용되는 사실이다. 2022년 6월 중국과학원 난징 지질·호소학연구소 산하의 호수 과학·환경 국가 핵심연구소와 영국·캐나다 연구팀은 면적이 0.5km² 이상인 유럽과 미국의 호수 1,151개에 대한 수질과

녹조의 번성, 남세균 탓인가 사람 잘못인가

수심 등 데이터를 분석한 논문을 국제 저널 『워터 리서치(Water Research)』에 발표했다. 얇은 호수일수록 부영양화 같은 오염에 취약하고, 남세균 녹조도 잘 일어난다는 내용이다.[24] 중국 연구팀은 호수의 최대 수심이 13.8m보다 깊은 호수는 사람이 배출하는 오염물질의 영향을 더 잘 받고, 질소와 인 등 호수의 영양물질 농도도 높아지는 현상, 즉 부영양화도 훨씬 심하다고 밝혔다. 연구팀은 미국 환경보호국(EPA)의 국가 호수 조사(NLA) 자료와 유럽 다중호수 조사(EMLS) 자료를 활용했다.

수집한 데이터를 그대로 적용한 결과, 1,151개 호수 가운데 217개(18.9%)는 영양물질 농도가 낮은 빈영양 호수(엽록소a 농도가 L당 2μg 이하), 360개(31.3%)는 중영양 호수(엽록소a 농도가 L당 2μg 초과, 7μg 이하, 1μg)였다. 또 306개(26.6%)는 부영양 호수(7μg 초과, 30μg 이하), 268개(23.3%)는 과영양 호수(30μg 초과)로 분류됐다. 식물성 플랑크톤이 광합성을 하는 데 필요한 색소인 엽록소a는 호수에서 식물성 플랑크톤의 분포를 나타내는 지표로, 부영양화 정도를 나타내는 지표로 사용된다.

분석 대상 호수의 최대 수심은 0.5m에서 350m까지 다양했다. 호수 가운데 240개(20.9%)는 고지대에, 308개(26.8%)는 산지에, 603개(52.3%)는 평야와 저지대에 위치했다. 고지대 호수의 수심은 평균 20.8m, 산지 호수의 수심은 평균 22.6m, 평야와 저지대 호수 수심은 평균 8.8m로 나타났다. 평야와 저지대에 위치한 호수는 대체로 얇았고, 산간·고지대 호수는 대체로 깊었다. 연구팀의 통계분석 결과, 사람에 의해 호수 주변 토지 이용이 활발할수록 영양물질 유입도 많아져 호수 식물성 플랑크톤의 성장이 뚜렷했고, 남세균 독소인 마이크로시스틴(MC)의 농도도 높았다. 평야와 저지대 호수의 67.0%가 부영양화되었지만, 고지대와 산지 호수는 27.6%만이 부영양화된 것으로 나타났다.

연구팀은 "얕은 호수는 평야 지대에 있으면서 인위적인 오염 물질 영향 많이 받게 되지만, 고지대의 호수는 주변 지역의 경사가 가파르고 토지 개발에도 부적합해 호수 오염이 덜한 것으로 보인다"라고 설명했다. 평야 지대나 저지대 호수는 주변 지역 도시나 농경지에서 오염물질이 흘러드는 위치에 있기 때문에 쉽게 부영양화된다는 것이다.

위치뿐만 아니라 수심도 중요한 요인으로 제시됐다. 부영양·과영양 호수는 주로 얕은 호수에 집중됐다. 수심이 얕을수록 호수의 부영양화를 나타내는 영양 상태 지수(trophic state index, TSI)의 값이 커졌다. TSI 값은 엽록소a와 영양물질(총인·총질소) 농도와 물의 투명도(세키 수심, 지름 30cm의 하얀 원반이 맨눈으로 보이는 가장 깊은 수심)를 활용했다.

연구팀은 "미국 EPA의 2007년과 2012년 자료를 비교했을 때, 주변 토지 이용 변화로 인해 얕은 호수에서는 호수 영양 상태 변화가 나타났지만, 깊은 호수에서는 변화가 거의 없었다"라고 설명했다.

또 최대 수심 13.8m 이하의 호수 중 63.2%가 부영양화 또는 과영양화된 반면, 13.8m 이상인 호수는 19.8%만이 부영양화 호수였다. 연구팀은 "최대 수심이 13.8m 이하이면서 평야나 저지대에 있다면 82% 이상이 부영양 또는 과영양 호수였다"라며 "반대로 빈영양·중영양 호수는 위치나 토지 이용 상태와 상관없이 대체

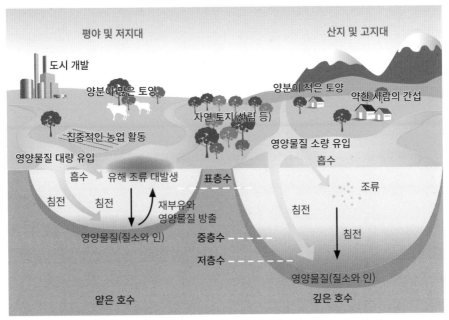

얕은 호수와 깊은 호수의 차이. 일반적으로 얕은 호수는 자연적으로 비옥한 평야와 저지대 지역에 위치하며 강한 인위적 교란(농업 및 도시 개발)에 노출되고 광범위한 배수 네트워크로 인해 많은 양의 영양물질을 공급받는 경향이 있다. 대조적으로 깊은 호수는 주로 자연 토지 피복(예: 산림 및 관목), 낮은 수준의 인간 교란, 영양물질 공급이 제한되며, 산지 및 고지대에 집중된다. 깊은 호수와 비교할 때 얕은 호수는 종종 부피가 작고 투입 영양물질을 희석하는 능력이 약해 인위적인 영향에 대해 민감하게 반응한다. 또한, 얕은 호수에서는 물-퇴적물 상호작용이 더 강하고, 침전물이 재부유 되는 경향이 있어 호수 내부의 영양물질 농도가 높고 식물성 플랑크톤 성장이 활발하다. 결국, 농업 또는 인구 밀집 지역의 얕은 호수는 특히 부영양화에 취약할 수 있다는 의미다. NIGLAS의 자료를 다시 그림

로는 최대 수심이 34.1m보다 컸다"라고 말했다. 산지와 고지대에 있어 사람의 영향을 받지 않는 호수도 수심이 13.8m 이하인 것은 44.6%가 부영양·과영양 호수로 분류됐다.

연구팀은 "저지대의 얕은 호수는 일반적으로 호수 부피(면적) 대비 집수구역(유역) 면적 비율이 크기 때문에 인위적인 영향을 많이 받는다"라며 "얕은 호수는 수층-퇴적물 상호작용이 잘 일어나 퇴적물이 재부유되기 쉬워 호수 내 영양물질 농도가 높아지고, 식물성 플랑크톤 성장도 활발하다"라고 설명했다. 반면 깊은 호수는 침전을 통해 영양물질이 바닥으로 가라앉고, 재부유도 잘 일어나지 않아 식물성 플랑크톤이 자라기 어렵다.

한편, 연구팀은 "평야 지대의 얕은 호수는 대체로 수온이 높아 남세균 성장에 유리한 환경을 제공한다"라고 지적했다. 이를 통해 과거 논쟁이 일었던 소양호에서는 녹조가 잘 일어나지 않고, 4대강 보에서 녹조가 잘 일어나는 이유도 어느 정도 설명이 가능하다.

소양호는 최대 수심이 120m가 넘고 최상류에 위치한 산지 호수(평균 수심은 44m)인 데 비해 4대강 보로 만들어진 호수는 수심이 10m 안팎으로 얕고, 오염물질이 모여드는 강 본류에 있다. 강원도 산지의 소양호보다 남쪽 영남 평지의 낙동강 수온이 높을 수밖에 없다.

11.
전 세계 바다도 녹조와 갈조류 비상

녹조는 강이나 호수에서만 발생하는 것이 아니다. 바다에서도 녹조가 발생한다. 더욱이 지난 20년간 전 세계 해양에서 조류 대발생으로 인한 녹조와 적조 발생 빈도가 59%나 늘어난 것으로 조사됐다. 녹조와 적조는 특정 조류가 대대적으로 번식해 바닷물 색깔이 초록색이나 붉은색을 띠는 현상을 말한다.

중국 남방과학기술대학과 미국 플로리다대학, 델라웨어대학 등 연구팀은 2023년 3월 9일 자 과학 저널 『네이처(Nature)』 표지 논문에서 2002~2020년 사이 전 세계 해양에서 조류 대발생 해역의 면적과 관찰 빈도가 증가하는 경향을 보였다고 밝혔다.[25, 26, 27]

지난 20년 동안 조류 대발생 면적은 13.2% 확대됐고, 연간 조류 대발생 빈도는 59.2% 증가했다는 것이다. 조류 대발생 피해 면적은 연평균 14만km²씩 늘었고, 피해 면적이 늘어난 국가 숫자

2020년 8월 발틱해에 발생한 조류 대발생 ⓒ NASA

가 줄어든 국가의 1.6배였다.

연구팀은 미 항공우주국(NASA)의 아쿠아(Aqua) 인공위성에 탑재된 '중간 해상도 이미지 분광방사계(moderate resolution imaging spectroradiometer, MODIS)' 장비로 촬영한 전 세계 해양의 2003~2020년 이미지 76만 장을 분석했다. 연구팀은 153개 연안 국가의 배타적 경제 수역(EEZ)과 54개의 대규모 해양 생태계(large marine ecosystem, LME)를 가로·세로 1km 구획으로 나눠 조류, 즉 식물성 플랑크톤에서 방출하는 형광을 바탕으로 녹조와 적조의 발생 여부를 매일 판단했다.

녹조의 번성, 남세균 탓인가 사람 잘못인가

분석 결과, 해안에 접하고 있는 153개국 중 126개국 해안에서 조류 대발생이 관찰됐다. 조류 대발생의 영향을 받은 전체 면적은 3,147만km²로, 이는 전 세계 육지 면적의 약 24.2%, 전 세계 해양 면적의 8.6%에 해당한다. 조사 해역에서 지난 20년 동안 연간 평균 조류 대발생 횟수는 4.3회로 집계됐다. 유럽 연안의 경우 피해 면적이 952만km²로 전체 피해 면적의 30.3%를 차지했고, 북아메리카의 경우 678만km²로 21.5%를 차지했다.

조류 대발생이 가장 빈번하게 발생한 곳은 아프리카와 남미 주변 해역으로 연간 6.3회 이상 발생했다. 호주는 피해 면적이 284km²로 전체의 9%였고, 발생 빈도는 연간 2.4회로 가장 낮았다. 대규모 해양 생태계 중에는 미국 캘리포니아와 북동부, 남미 파타고니아, 발트해, 북부 흑해, 아라비아해 등지에서 조류 대발생이 자주 나타났다. 대조적으로 아시아의 해양 생태계는 상대적으로 발생 빈도가 낮았다. 동해나 서해 등 한반도 주변 해역에서는 발생 빈도가 연간 5회 이하였다.

연구팀은 "조류 대발생이 자주 관찰된 곳은 영양분 많은 저층 바닷물이 위로 솟구치는 이른바 용승(upwelling) 해역과 사람의 영향을 많이 받는 해안"이라고 설명했다. 연구팀은 또 "연평균 조류 대발생 빈도와 해수면 온도 사이에는 유의미한 상관관계가 발견됐다"라며 "다만 해수면 온도가 높은 북반구의 열대와 아열대지역에서는 조류 대발생이 약화했다"라고 덧붙였다. 이에 따라 연구팀은 기후변화로 해수 온도가 상승할 경우 조류 대발생이 더 자주 관찰될 것이라고 전망했다.

연구팀은 이와 함께 육상의 비료 사용 증가나 핀란드, 중국,

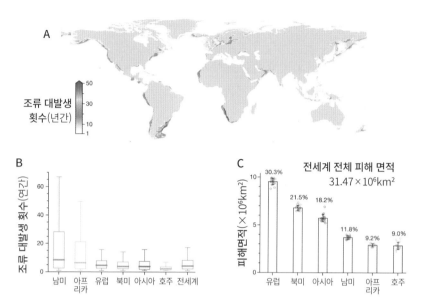

전 세계 해양의 조류 대발생 현황. (A)연간 발생 횟수를 나타낸 지도, (B)대륙 연안별 연간 대발생 평균 횟수, (C)대륙 연안별 피해 면적과 전 세계 피해 면적에서 차지하는 비율(자료: Dai et al., 2023)

제주 성산포 인근 해변을 녹조류인 구멍갈파래가 덮고 있다. 육상양식장 등에서 들어온 오염 물질로 제주 연안이 부영양화된 탓이다.

녹조의 번성, 남세균 탓인가 사람 잘못인가

알제리, 기니, 베트남 등지의 연안 양식 확대처럼 인위적인 영양물질 배출도 조류 대발생에 기여했을 것으로 추정했다. 연구팀은 "이 연구 결과가 조류 대발생으로 인한 피해를 최소화하는 예측 모델(글로벌 또는 지역 규모)을 개발하는 데 도움이 될 수 있을 것"이라며 "영양물질 배출 등 유해 조류 대발생의 원인을 제어하는 데도 도움이 될 것"이라고 강조했다.

한편, 조류 성장은 해양 생태계에서 광합성을 통해 이산화탄소를 흡수하고 먹이사슬에 유기물과 에너지를 공급한다는 측면에서 유익하지만, 조류의 지나친 번식, 특히 남세균 등 독소를 생산하는 유해 조류의 대발생은 생물종과 사람에게 피해를 주는 바람에 세계적인 환경문제가 되고 있다. 조류 대발생이 나타나면 어장이 폐쇄되고, 조류가 부패하면서 저층 바닷물의 산소가 고갈되어 어류와 무척추동물의 폐사가 이어지는 '데드 존(dead zone)'이 나타날 수도 있다.

한편, 남세균이나 단세포 조류가 아닌 해조류의 대대적인 번식도 해양에서 나타나기도 한다. 대표적인 사례가 갈조류인 모자반이다. 중국 쪽에서 크게 자란 괭생이모자반(*Sargassum horneri*)이 제주도 연안으로 떠밀려 오기도 한다. 제주 해안에서는 이를 수거해 처리하는 것이 큰 문제가 된다. 미국에서도 카리브해에서 번식한 모자반이 떠밀려 와 문제가 된다.

제주 연안에서는 녹조류인 구멍갈파래 등도 문제가 된다. 중국 쪽에서 떠밀려 온 것도 있지만, 육상에서 양어장이나 논밭에서 흘러 나간 오염물질로 바다가 부영양화되면서 제주 연안에 갈파래가 너무 많이 자라 처치 곤란이 되기도 한다.[28]

3부
독소 만드는 남세균

1.
기후변화는 녹조를 악화시킨다

∞∞∞∞

    기후변화 혹은 기후위기는 환경문제를 벗어나 세계적인 이슈이자 화두가 됐다. 인류가 석탄, 석유, 가스 같은 화석연료를 꺼내 사용하면서 이산화탄소 같은 온실가스를 배출하고, 이 온실가스가 대기권에 쌓이면서 지구 기온을 끌어올리는 것이 지구온난화다. 그로 인해 기상이변이 잦아지고, 기후도 급변한다. 온실가스를 줄이지 않는다면 지구 생태계는 물론 인류 역시 생존 위기에 처할 수밖에 없다. 그래서 기후위기라는 말이 나온다.

    전문가들은 기후변화가 진행되면 남세균 녹조가 더 심해질 것으로 전망하고 있다. 기후변화로 기온이 상승하고, 수온이 따라서 상승하면, 더 높은 온도를 좋아하는 남세균이 다른 조류를 밀어내고 대대적으로 번식하면서 짙은 녹조를 일으킬 것이라는 설명이다.

        녹조의 번성, 남세균 탓인가 사람 잘못인가

남세균 가운데는 수온이 30℃가 넘는 호숫물에서 잘 자라는 종류도 많다. 대표적인 남세균이 마이크로시스티스다. 마이크로시스티스는 독소를 생산하는 종류라서 사람의 건강에도 악영향을 줄 수 있어 더 큰 우려를 낳고 있다.

수온 외에도 강수량 패턴이 달라지는 것도 남세균 녹조에 영향을 미칠 수 있다. 예를 들어, 강우 강도(强度)가 강해지면, 주변 토지에서 물로 들어오는 영양염류의 양이 달라질 수 있고, 강의 유속이나 호수의 체류시간에 영향을 줄 수 있다. 비가 잘 오지 않다가 한꺼번에 강하게 쏟아진다면 남세균 녹조가 심해질 수 있다. 폭우가 쏟아질 때 영양염류가 강이나 호수로 다량 유입되고, 곧바로 비가 그치고 체류시간이 길어지면 남세균 녹조가 나타날 수 있는 것이다.

국립환경과학원 낙동강물환경연구소는 2022년 4월 국제 학술지 『독소(Toxins)』에 발표한 논문에서 "2020년 3~11월 낙동강 8개 보 수질을 분석한 결과, 열대성 유해 남세균 독소가 미량 검출했다"라고 밝혔다. 염주말목(Nostocales)에 속하는 유해성 남세균은 가느단 실 모양으로, 열대지역에 주로 서식하다가 최근 기후변화 등으로 북미, 유럽 등 온대지역으로도 확산하고 있는 침입종(invasive species)이다.[1]

연구팀은 논문에서 "침입종인 열대성 유해 남세균이 전 세계적으로 증가하고 있는데, 한국을 비롯한 많은 나라에서는 마이크로시스틴만 관리하고 있다"라며 "열대성 유해 남세균이 생산할 수 있는 독소에 대해서도 지속적인 관리가 필요하다"라고 지적했다. 연구팀은 특히 "중요한 상수원으로 사용되고 있는 낙동강의 안전한 수질 관리의 목적으로 열대성 유해 남조류를 지속해서 모니터링해야 한다"라고 강조했다. 열대 호수가 고향인 유해 남세균이 온난화로 기온이 상승하는 상황에서, 그리고 강에서 호수로 바뀐 상황을 틈타 낙동강에 침입할 것에 대비할 필요가 있다는 것이다.

사정은 외국도 마찬가지다. 2022년 12월 중국 티베트대학과 미국 노스캐롤라이나대학 등의 연구팀은 국제 저널인 『워터 리서치(Water Research)』에 발표한 논문에서 "기후변화 탓에 호수 남세균 군집을 구성하는 종이 달라졌다"라고 밝혔다.[2, 3]

연구팀은 중국에서 세번째로 큰 호수인 타이후호에서 퇴적토를 채집해 그 속에 지난 100년 가까이 켜켜이 쌓인 남세균의 유전물질(DNA)을 분석했다. 면적이 2,338km²로 서울의 4배 가까이 되는 이 호수는 쑤저우와 후저우 등지에 사는 3,000만 명 주민의 상수원이다. 이 호수에서는 부영양화된 탓에 녹조가 자주 발생하는데, 2007년 5월에는 마이크로시스티스의 독성 녹조가 발생해 우시시의 200만 주민이 일주일 동안 수돗물 없이 지내야 했다.

연구팀은 2019년 10월 타이후 호수의 메이량만(灣)의 수심 2.5m 되는 곳에서 코어 샘플러로 길이 81.5cm의 원기둥 모양으로 퇴적토 시료를 채취했다. 연구팀은 이를 층별로 나눠 DNA를 분석했고, 납 동위원소(²¹⁰Pb)로 해당 퇴적층의 연대를 측정했다.

연구팀 분석 결과, 독소 생성 가능성이 있는 남세균 종류인 마이크로시스티스의 경우 1990년대 이후 점진적으로 증가했고, 이전에 우세했던 시네코코커스(Synechococcus) 종류가 뚜렷하게 감소하는 명확한 패턴이 확인됐다. 마이크로시스티스의 경우 1933

녹조의 번성, 남세균 탓인가 사람 잘못인가

2018년 중국 타이후호가 무더위로 녹조 현상이 심각해지면서 호수 색이 양분된 현상이 발생했다(자료: 봉황망(凤凰网)).

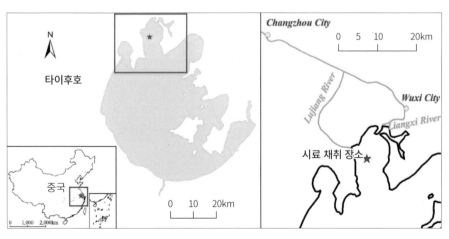

연구팀이 퇴적토 시료를 채집한 타이후호(자료: Zhang, J. et al., 2023)

년부터 1991년까지 전체 남세균 개체군의 평균 약 7%였으며, 1992~2009년에는 상대 풍부도가 평균 약 19%로 급격히 증가했다. 2009년 이후에도 독소를 생성하는 남세균인 마이크로시스티스의 비율이 오르내렸지만, 평균 상대 풍부도가 약 69%에 이를 정도로 전반적으로 높게 유지됐다.

연구팀은 통계학적 분석을 통해 마이크로시스티스의 증가와 호수 인근 기상관측소에서 측정한 연평균 기온 사이에 양의 상관관계가 확인됐다고 설명했다. 또 마이크로시스티스 증가와 연평균 풍속과는 음의 상관관계가 나타났다. 온도가 상승할수록, 바람이 약할수록 마이크로시스티스 비율이 증가했다는 것이다.

연구팀은 "타이후호 녹조에서 독성을 지닌 마이크로시스티스의 상대적 기여도는 1991년 이전과 2009년 이후를 비교하면 4배로 늘었다"라며 "호수가 이미 부영양화된 상황에서 기후변화에 따른 기온 상승과 풍속 약화가 마이크로시스티스 증가의 핵심 원인임을 보여주는 것"이라고 지적했다. 무엇보다 온도 상승과 낮은 풍속이 호수 수층의 성층화를 부추긴 탓이라는 연구팀의 설명이다.

연구팀은 "지구온난화가 타이후호에서 독소를 생성하는 남세균 우세를 가속하는 데 기여했다"라며 "부영양화 호수에서 독성 남세균의 번성은 온난화 추세로 볼 때 미래에는 더 심각해질 수 있고, 수중 생태계와 식수 안전을 심각하게 위협한다"라고 결론을 내렸다.

2.
남세균은 물의 성층화 현상을 좋아한다

∽∞∞∽

여름철 깊은 호수나 바다에서는 더운 표층수와 차가운 저층수가 층을 이뤄 서로 섞이지 않는 성층화 현상이 나타난다. 일반적으로 바다와 호수 등에서 수심 1m마다 수온이 1℃ 정도 변화하는데, 여름철에는 일정 수심보다 깊어지면 훨씬 급하게 수온이 변하는, 수온이 도약하는 층이 나타난다. 바로 수온약층(thermocline)이다. 여름철 표층의 수온이 상승하고, 깊은 곳은 여전히 차가운 수온을 유지하기 때문에 나타난다. 수온약층은 물리적 장벽으로 작용해 위의 물과 아래의 물이 서로 섞이지 않게 만든다. 그런데 가을이 돼 표층의 수온이 낮아지면 아래위 물이 섞이는 수층혼합(turnover)이 일어나게 된다. 그런데 기후변화로 인해 가을에도 표층의 수온이 덜 떨어지고, 바람도 약해지면서 수층혼합이 과거보다 약하게 일어날 수 있다.

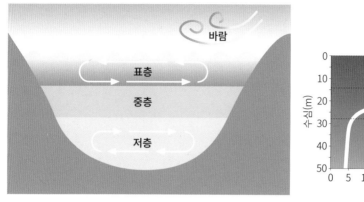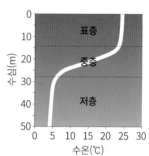

여름철 호수의 성층화 현상. 수온이 높은 표층과 수온이 낮은 저층이 안정화돼 서로 혼합이 일어나지 않는다.

성층화 현상이 일어나고 수층이 안정화하면 녹조류, 규조류 등 다른 식물성 플랑크톤은 바닥으로 가라앉게 된다. 이에 비해 기포를 가지고 있어 고도의 부력을 지닌 남세균은 수직으로, 즉 상하로 이동할 수 있어 낮 동안 표층에서 광합성을 하고 번식할 수 있다. 경쟁에서 유리해진 남세균이 크게 증식, 대발생하면 녹조가 된다.

더욱이 호수 표면에 빽빽한 녹조가 발생하면, 햇빛을 더 잘 흡수해 온도를 약 1.5~3℃ 더 상승시킬 수 있고, 반대로 수층 아래는 그늘이 지면서 다른 남세균을 포함해 부력이 없는 식물성 플랑크톤의 성장을 억제한다. 이런 되먹임 작용(feedback mechanism)을 통해 마이크로시스티스의 우세는 점점 더 강화된다. 다른 남세균들도 온도가 높을수록 성장 속도가 빨라지지만, 마이크로시스티스는 다른 남세균에 비해 온도 상승에 훨씬 더 민감하게 반응한다.

2013년 『사이언티픽 아메리칸(Scientific American)』의 기사에

녹조의 번성, 남세균 탓인가 사람 잘못인가

따르면 스위스 취리히 호수에서는 독성 남세균인 플랑크토스릭스 루베센스(*Planktothrix rubescens*, 이하 *P. rubescens*)의 녹조 발생이 급격하게 증가했다.[4] 평균 기온이 상승하고, 그에 따른 지표수 온도의 변화, 수층 혼합의 감소는 *P. rubescens*가 호수 표층에서 녹조를 일으키기 이상적인 조건을 제공하기 때문이다. 광합성을 하는 *P. rubescens*는 수면과 약 70m 수심 사이에서 번성한다. 햇빛은 약하지만 수심 70m까지 침투하고, *P. rubescens*는 기포를 가지고 있어서 수심 90m까지 내려갔다 다시 올라올 수 있다. 하지만 수심이 100m보다 더 깊어지면 더 높은 수압 탓에 기포가 파열되고 남세균도 죽게 된다.

정상적인 혼합이 이뤄지던 과거에는 남세균이 수심 100m 아래로 내려가기도 하고, 그래서 제거되기도 했다. 하지만 이제는 기후변화로 호수 순환이 약해지고, 남세균이 생존 임계값인 100m 아래 깊은 곳으로는 들어가는 일이 없다. 그래서 *P. rubescens* 녹조는 갈수록 기승을 부리게 된다.

호주 그리피스대학 연구팀은 2022년 8월 『워터 리서치(Water Research)』에 발표한 논문에서 "기후변화에서 기온 상승보다 풍속이 줄어드는 것이 녹조에 더 큰 영향을 미친다"라고 밝혔다.[2] 풍속이 20% 감소하면 지금보다 마이크로시스티스 녹조가 1.5배 규모로 발생하는데, 이는 기온이 2℃ 상승할 경우와 비교할 때 그 6배에 해당한다는 것이다. 수층에서 물결이 잔잔해지면 부력이 있는 남세균이 표면으로 떠오르고 녹조를 형성할 수 있게 된다는 것이다.[5]

이런 현상은 보 때문에 호수가 된 낙동강에서도 관찰된다. 2022년 6월 부산대학교 생명과학과 주기재 교수팀은 『생물지구

과학(Biogeoscience)』국제 저널에 발표한 논문에서 "낙동강에 여름철 성층화 현상이 나타나면서 남세균의 성장에 유리한 조건이 만들어지는 것으로 나타났다"라고 밝혔다.[6, 7]

연구팀은 경남 창녕군 대합면과 길곡면, 부산 북구 금곡동 등 낙동강 3개 지점에서 2017년 11월부터 2018년 9월까지 총 5차례 조사를 진행했다. 조사 때는 수심 1m 간격으로 시료를 채취해 분석했다. 분석 결과, 연구팀은 여름철 낙동강은 호수에 비해 강하지는 않았지만, 3개 지점 모두에서 성층화 현상을 관찰했다. 일반적으로 바다와 호수 등에서 수심 1m마다 수온이 1℃ 정도 변화하는데, 낙동강에서 그보다 훨씬 급하게 수온이 변하는 수온약층이 관찰된 것이다.

연구팀은 "남세균 중에서도 유해한 종류인 마이크로시스티스 2종(*Microcystis wesenbergii*와 *M. aeruginosa*)이 표층수에 축적되는 것으로 나타났는데, 이는 여름철 성층화에 의해 세포 축적이 강해진 것으로 판단된다"라고 설명했다.

연구팀은 "일단 성층화가 발생하면 표층수에서 남세균을 유지하고 대발생(녹조) 강도를 증폭시키는 것으로 파악됐다"라며 "일사량이 늘고 기온이 높아지면 성층화가 강해지고, 하천 유량이 늘어나면 성층화 강도가 낮아지는 것으로 나타났다"라고 지적했다. 억제인자(하천 유량 증가)가 없을 경우 여름철 성층화가 반복될 수밖에 없다는 것이다.

낙동강 보에서 흘려보낼 수 있는 환경용수 수량에 한계가 있으므로, 성층화가 심각하게 발생한 기간과 구간에 유량을 집중적으로 공급해 성층을 해소하는 방안을 검토할 필요가 있다.

3.
녹조 호수가 메탄가스 내뿜는다

~~~~~~~~~~~~~~~~

사람들이 생활하수 배출이나 농경지 비료 살포 등을 통해 강과 호수에 영양물질을 공급하면 부영양화 현상이 일어난다. 부영양화는 식물성 플랑크톤이 이용할 수 있는 비료 성분, 즉 질소, 인 등 영양물질이 증가했다는 의미다. 부영양화는 식물성 플랑크톤의 대대적인 번식으로 이어지고, 녹조도 발생할 수 있다.

죽은 식물성 플랑크톤은 바닥에 가라앉게 되고, 호수 밑바닥에서 미생물이 식물성 플랑크톤의 유기물을 분해하면서 산소를 소모하게 된다. 여름철 성층화 현상이 일어난 경우 호수 밑바닥에는 무산소층이 만들어지며, 물고기가 살 수 없을 정도로 산소가 고갈된다.[8]

산소가 없는 무산소층에서 식물성 플랑크톤 사체가 썩으면, 즉 세균이 유기물을 분해하게 되면 그때 메탄(CH_4)이 만들어진다. 무논에서 메탄이 발생하는 것과 같다. 메탄은 이산화탄소보다 20배 이상 강력한 온실가스다. 국가 온실가스 감축 계획에서 농업 부문의 주요 대책으로 무논에서 발생하는 메탄을 줄이는 것이 포함된 이유다.

바꿔 말하면 호수의 부영양화와 녹조 발생을 차단하면 지역 환경을 개선할 뿐만 아니라 지구 전체의 기후변화 피해를 줄이는 데도 큰 역할을 할 수 있다는 것이다. 온실가스인 메탄 배출량을 줄여서 얻는 온실가스 감축은 경제적 효과로 봐도 결코 작지 않다.

미국 미네소타대학 연구팀은 2021년 5월 국제 저널 『네이처 커뮤니케이션스(Nature Communications)』를 통해 '지역의 수질 보호가 지구적으로 이익을 준다'라는 제목의 논문을 발표했다.[9, 10] 연구팀은 논문에서 전 세계 8,000여 개 호수와 저수지에서 발생하는 메탄가스의 양을 산출한 연구 결과를 인용해, 이를 바탕으로 호수에서 발생하는 메탄가스로 인한 기후변화의 경제적 피해를 산출했다.

캐나다 퀘벡대학과 미네소타대학 팀은 2018년 발표한 논문에서 전 세계 호수에서 배출되는 메탄이 연간 0.55~1페타그램(Petagram, 1Pg=10억 톤)에 이른다고 밝힌 바 있다. 연간 5억 5,000만 ~10억 톤에 이르는 호수의 메탄 배출량은 사람이 화석연료를 태울 때 나오는 온실가스 배출량의 20%에 해당한다.

2018년 한국이 이산화탄소 기준으로 7억 2,760만 톤을 배출했는데, 전 세계 호수에서 배출하는 메탄을 같은 이산화탄소로 환산한다면 세계 10위권인 한국 배출량의 20배가 넘는다. 전 세계 호수들이 모인 '호수 나라'라는 게 있다면, 세계 1위 온실가스 배

녹조의 번성, 남세균 탓인가 사람 잘못인가

출국 중국(2017년 이산화탄소 124억 7,600만 톤)보다 온실가스를 더 많이 배출하는 셈이다.

연구팀은 현재 추세대로 부영양화가 심해지면 오는 2100년에는 호수에서 발생하는 메탄이 화석연료에서 발생하는 온실가스의 38~53% 수준에 이를 것으로 전망했다. 기후변화와 인구 증가로 인해 호수의 부영양화가 가속화되는 반면, 화석연료에서 배출되는 온실가스 감축 노력이 이뤄질 것으로 예상하기 때문이다.

연구팀은 2015~2050년 사이 호수에서 배출하는 메탄가스로 인해 발생하는 기후변화 피해 비용을 7조 5,000억~81조 달러(8,400조~9경 1,000조 원)로 추산했다. 현재 배출량을 어떻게 잡느냐, 향후 배출량이 얼마나 늘어날 것이냐, 피해 비용 산정에서 할인율(3~5%)을 어떻게 적용하느냐에 따른 차이다.

수질 개선을 통해 부영양화가 심해지지 않도록 한다면 6,600억~24조 달러만큼 피해를 줄일 수 있을 것으로 연구팀은 예상했다. "호수에서 이산화탄소와 아산화질소(N_2O)도 배출되지만, 이들에 대한 영향을 제외하고 메탄가스에 의한 영향만 본 것"이라고 설명했다.

연구팀은 "수질 악화는 종종 지역 문제로 간주하지만, 수질 문제는 메탄 등의 배출을 통해 지구 기후에도 중요한 영향을 미치는 것으로 확인됐다"라며 "호수의 추가 부영양화를 방지하기 위한 조처를 하지 않는다면 온실가스 배출은 상당히 증가할 가능성이 있다"라고 강조했다.

한편, 댐을 쌓는 등 강 생태계를 인위적으로 바꿀 경우 강의 탄소순환도 달라질 수 있다. 특히 댐에 의해 생성된 인공호수는 메

낙동강에 발생한 짙은 녹조. 남세균 사체가 바닥에 가라앉으면 미생물에 의해 분해가 이뤄지고, 이 과정에서 산소가 소모된다. 무산소 상태에서 남세균 사체가 분해될 때는 메탄이 발생한다.

녹조의 번성, 남세균 탓인가 사람 잘못인가

탄을 대량으로 발생시킬 수 있다.

국내에서는 4대강 사업으로 16개 보가 만들어졌는데, 이는 강을 호수로 만드는 결과를 낳았다. 이 호수에 녹조가 생기고, 그 남세균 사체가 바닥에 가라앉으면 당연히 메탄이 발생한다.

이화여자대학교 박지형 교수팀은 2023년 4월 『워터 리서치(Water Research)』에 한강과 낙동강, 영산강에서 이산화탄소와 메탄, 아산화질소 농도의 계절적 변화를 조사한 논문을 발표했다.[11] 조사 결과, 한강과 영산강에서는 3가지 온실가스가 모두 오염물질이 유입되는 대도시 지역을 지날 때 농도가 상승했다. 낙동강에서는 보가 집중적으로 설치된 중류 구간에서 3가지 온실가스 중에서 메탄만 농도가 상승해 최고점을 나타냈다.

연구팀은 논문에서 "낙동강 180km의 부영양화 구간이 8개 보로 막히고, 이로 인해 남세균 녹조와 메탄 발생에 취약한 상태가 됐다"라면서 "여름철 남세균 성장과 메탄 발생 사이에 상관관계가 나타났다"라고 설명했다. 부영양화된 낙동강에서 메탄 배출량이 증가한 것은 부영양화된 강과 저수지에서 메탄 배출량이 증가한다는 다른 연구 결과와도 일치한다는 것이다.

기후변화가 4대강의 녹조를 부추기고, 녹조는 다시 기후변화의 원인물질인 메탄 배출을 늘리는 악순환을 가져오는 셈이다. 물론 그 뒤에는 보를 쌓은 사람의 개입도 있다.

4.
녹조 발생으로 지불해야 할 비용

〜✕✕✕〜

　남세균은 생태계에서 1차 생산자 역할을 한다. 남세균이 햇빛을 받아 광합성을 해서 유기물을 만들고 생물량을 늘리면, 동물성 플랑크톤의 먹이가 된다. 남세균이 수생태계에서 먹이사슬의 기초를 일부분 담당한다는 얘기다.

　하지만 남세균이 지나치게 성장해 녹조가 되면, 문제가 달라진다. 다른 것과 마찬가지로 남세균의 성장에도 '과유불급(過猶不及)'이란 말이 적용된다. 호수나 강에서 남세균 녹조가 발생하면 수생태계 자체는 물론 사람과 가축의 건강에 해로운 영향을 미치게 되고, 경제적 피해로 이어질 수 있다. 남세균 녹조가 발생했을 때 일어날 수 있는 것들을 정리하면 다음과 같다.

　남세균 녹조가 발생하면 수생태계에서는 수층의 수소이온 농도가 높아지고, 산소 농도가 낮아진다. 녹조를 일으켰던 남세균이

녹조의 번성, 남세균 탓인가 사람 잘못인가

죽고 분해되면서 수층의 산소가 대량 소비되기 때문이다. 산소가 부족해 다른 동물이 살 수 없는 '데드 존(dead zone)'이 만들어지기도 하며, 녹조가 다른 수중 생물에 부정적인 영향을 주게 된다.

특히 독소를 생산하는 남세균이 녹조를 일으키는 경우 물고기나 조개, 새들에게 피해를 주기도 한다. 남세균 녹조가 발생하면 매트(mat)나 덩어리(scum)가 형성돼 수층의 빛 침투나 온도, 영양염류 가용성 등에 영향을 줄 수 있다. 녹조 상황에 견딜 수 있는 종들만 살아남게 돼 수생태계의 다양성이 줄고, 생태계 안정성도 해치게 된다. 남세균이 강과 하천을 뒤덮을 경우 생태계 먹이사슬의 구조에도 영향을 줄 수 있다. 남세균을 먹을 수 있는 동물성 플랑크톤 종류가 제한돼 있기 때문이다.

녹조가 발생하면 물의 투명도가 낮아지고, 즉 물이 탁해지면서 불쾌한 냄새가 날 수도 있다. 따라서 수영과 보트 타기, 낚시와 같은 레크리에이션 활동, 친수활동에 대한 매력이 떨어진다. 또한, 수영 등 친수활동 과정에서 물속 남세균 독소가 피부에 닿거나 이를 자칫 마시게 되면 건강에 위험할 수 있다. 일부 남세균 종을 대량으로 섭취하거나 남세균에 노출될 경우 인체에 해로울 수 있기 때문이다. 이러한 독소는 피부 발진, 위장 장애, 간 손상 등과 같은 다양한 증상을 유발할 수 있고, 심하면 사람이나 동물이 사망할 수도 있다.

물속에 들어가지 않더라도, 물속에 있는 남세균 독소가 에어로졸 형태로 공기 중으로 날아올 경우 물가에 있는 사람에게 악영향을 줄 우려도 있다. 남세균 녹조가 발생한 물로 농사를 지을 경우 남세균 독소가 농산물에 축적될 수 있으며, 남세균 독소가 축적된

2022년 7월 낙동강 합천창녕보에 발생한 녹조 ⓒ 정수근

녹조의 번성, 남세균 탓인가 사람 잘못인가

물고기를 먹을 경우 건강을 해칠 우려도 있다.

남세균 녹조가 발생한 물을 원수로 해서 수돗물을 생산하면 남세균 세포나 독소가 걸러지지만, 정수처리가 완벽하지 않을 경우에는 수돗물에도 독소가 남아있을 수 있다. 독소 외에도 수돗물에서 남세균으로 인한 악취가 발생할 수도 있다.

정수처리 과정에서 남세균이 생산한 유기물이 남아있을 경우 유기물이 소독제와 반응해 소독 부산물(disinfection by-products, DBP)이 생성될 수 있다. 소독 부산물 중에 대표적인 것이 트리할로메탄(THMs)인데, 이 트리할로메탄은 발암물질로 알려졌다.

남세균 녹조가 발생하면 pH가 높아져 상수원수가 염기성을 띠게 된다. 정수처리 과정에서 정수 약품에 의해 대체로 중성으로 회복될 수는 있으나, 알칼리성을 유지할 경우 정수처리에 문제를 일으킬 수도 있다. 우선 응집제 효율을 감소시킨다. 응집은 정수처리 공정에서 중요한 단계로, 화학물질을 물에 첨가해 물속에 녹아있는 것들을 제거하기 쉬운 큰 덩어리로 뭉쳐서 가라앉도록 하는 과정이다. 그러나 물이 알칼리성인 경우 응집제가 입자와 결합하는 것을 어렵게 해서 효과적인 응집 반응을 방해한다.

남세균 녹조로 인해 원수가 알칼리성인 경우 세균이나 바이러스 등 병원체를 제거하기 위한 과정인 소독 공정의 효율 또한 떨어질 수 있다. 물이 알칼리성인 경우 용존 미네랄 농도가 높을 수 있으며, 이는 정수처리 과정에서 스케일링(scaling)을 유발할 수 있다. 스케일링은 칼슘(Ca), 마그네슘(Mg)과 같은 미네랄이 물에서 침전돼 수도관 내벽이나 기타 장비 표면에 침전물을 형성해, 장비의 효율성과 수명을 감소시키는 것을 말한다.

강정고령보(낙동강 중류)의 수심별 수질

※ pH 8.5를 초과하거나 용존산소 농도가 2ppm 미만이면 '매우 나쁨(6등급)'에 해당돼 상수원수로 사용할 수 없음. (7월 23일 오전 보 상류 1km 지점에서 측정)

수심 (m)	산성도 (pH)	용존산소 농도 (ppm)	수질등급
0	8.9	10.7	매우 나쁨 (산성도 기준 초과)
1	8.9	10.6	
2	8.8	10.4	
3	8.3	8.5	보통~좋음 (산성도 6.5~8.5pH, 용존산소 5.0 이상)
4	7.6	5.0	
5	7.4	3.7	약간 나쁨 (용존산소 부족)
6	7.2	2.4	
7	7.0	0.6	매우 나쁨 (용존산소 부족)
8	7.0	0.3	

2014년 7월 낙동강 녹조 발생 당시 수심별 수질 상황(자료: 한국환경공단)

녹조의 번성, 남세균 탓인가 사람 잘못인가

이처럼 남세균 녹조의 발생은 관광이나 어업, 농업에 영향을 미치고, 수돗물 생산에서는 새로운 수처리 공정을 추가하는 등 더 많은 비용을 들여야 하기 때문에 적지 않은 경제적 영향을 미치게 된다. 만에 하나 수돗물에서 기준치를 초과하는 남세균 독소가 검출될 경우 수돗물 공급이 중단될 수 있으며, 이 경제적 피해는 눈덩이처럼 불어날 수도 있다.

2019년 캐나다 연구팀은 『유해 조류(Harmful Algae)』라는 저널에 발표한 논문에서 "미국 이리호의 녹조를 방치할 경우 관광산업 부문에서 연간 1억 1,000만 달러의 비용이 발생하는 것을 비롯해 매년 2억 7,200만 달러(약 3,600억 원)의 비용이 발생할 것"이라고 추정했다.[12]

대신 녹조 저감에 들어가는 비용은 30년 동안 1조 2,732억 원(연간 약 424억 원) 정도로 추산돼 녹조 관리를 하는 것이 경제적으로 타당성이 있는 것으로 나타났다고 덧붙였다.

이는 남세균의 녹조를 예방하고 완화하기 위해 효과적인 관리 전략을 마련하고 수행하는 것이 중요하다는 것을 말해준다. 강과 호수의 부영양화를 방지할 필요도 있고, 녹조 발생 시기에는 상수원수 등에 대한 모니터링과 수돗물 생산의 정수처리를 강화할 필요도 있다.

5.
물에서 흙냄새가 나면 남세균을 의심하라

강과 호수, 바다에서 녹조가 발생하면 혐오감을 준다. 녹조를 생성한 남세균 등이 덩어리를 형성해 떠다니기도 하고, 가장자리로 밀려 나오기도 하며, 강이나 호수 바닥에 가라앉기도 한다. 녹조가 발생한 물로 수돗물을 생산할 경우 정수 과정에 더 많은 신경을 써야 한다. 독소에 대한 우려도 있고, 녹조로 인해 '흙냄새' 같은 악취가 발생할 수도 있기 때문이다. 정수장에서는 모래 여과지를 막아 수돗물 생산에 지장을 준다.

녹조 생물이 만들어 낸 악취 유발 물질을 제대로 걸러내지 못하면 수돗물에서 비릿한 냄새와 맛이 날 수 있고, 시민들이 수돗물을 마시지 못한다. 정수장에서는 활성탄을 더 사용해야 하고, 오존(O_3)처리를 통해 유기물을 분해하는 고도 정수처리도 필요할 수 있다. 결국 녹조가 발생하면 정수 비용이 더 들게 된다.

녹조의 번성, 남세균 탓인가 사람 잘못인가

2011년 11월 중순부터 경기도 남양주, 양평, 안양 등의 수돗물 관련 부서에는 하루 수십 건씩 민원전화가 이어졌다. "수돗물에서 이상한 냄새가 난다. 도대체 원인이 뭐냐. 먹어도 탈이 안 나느냐"라는 내용이었다. 팔당호가 취수원인 수돗물을 공급받는 서울과 인천, 경기도의 일부 지역 주민들 역시 12월 중순까지 한 달이 다 되도록 수돗물에서 나는 흙냄새에 시달렸다.[13]

당시 흙냄새는 남세균 녹조가 발생하면서 부산물로 지오스민(geosmin)이 만들어진 것이 원인이었다. 녹조는 대부분 더운 여름철에 발생하는데 늦가을인 11월에 이상고온 현상이 이어지면서 녹조가 다시 번창한 탓이었다. 한강에서 늦가을이나 겨울철에 녹조가 생기는 일이 거의 없었고, 낙동강 등에서도 늦가을에 녹조가 생기지만 지오스민으로 문제가 된 적은 별로 없었다.

지오스민은 일부 남세균이 광합성을 하며 자라는 과정에서 내놓는 물질로 수돗물에서 흙냄새를 나게 만든다. 정수 과정에서 활성탄을 사용해 제거하거나 수돗물을 100℃에서 3분 정도 끓이면 제거할 수 있다. 지오스민은 냄새를 느끼는 수준, 즉 역치(threshold value)가 L당 10ng(나노그램, 10억분의 1g), 즉 10ppt(parts per trillion, 1조분의 1)으로 낮기 때문에 소량의 지오스민도 사람의 코로 감지할 수 있다. 지오스민이 인체에 무해하다고는 해도 지오스민이 들어있는 수돗물은 마시기 어렵다.

당시 한강 수계 정수장 중에 고도 정수처리 시설을 갖추지 못한 곳이 많아 가정 수도꼭지에서 나오는 수돗물에서 흙냄새가 난 것이다. 당시 지오스민 소동을 빚은 늦가을 녹조는 11월 초순 강원도 춘천의 의암호에서 처음 시작됐다. 높은 수온이 유지된 데다 댐 방류량도 줄어들었기 때문이다. 이 녹조가 하류로 확산되면서 11월 14일엔 경기도 남양주시와 양평군 지역에서 수돗물 냄새가 신고됐다. 많을 땐 하루 200건 이상의 신고 전화가 걸려 왔다. 환경부는 수돗물 생산 과정에서 분말 활성탄을 집중 투입하는 등 지오스민 제거를 해당 지자체에 주문했고, 덕분에 수돗물 냄새 민원은 크게 줄었다.

하지만 12월이 되고 겨울 추위가 닥치면서 수온이 크게 떨어졌는데도 냄새의 원인인 지오스민 농도가 유지됐다. 팔당호 원수의 지오스민 농도는 12월 9일에도 115~164ppt로 측정됐고, 12월 10일에는 오히려 202~282ppt로 높아졌다. 추위로 조류가 죽더라도 상류 댐의 방류량이 크게 늘어나지 않는 바람에 지오스민 농도가 줄어들지 않은 것이다.

의암호의 경우 해마다 여름철이면 녹조가 심하게 발생하는데, 춘천시에서 나오는 오염물질과 소양호에서 내려오는 흙탕물이 원인이다. 여기에다 북한이 금강산댐을 완공한 이후 물을 동해 쪽으로 돌리면서 의암호로 들어오던 물이 연간 10억m^{3}가량 줄어 가을과 겨울에 녹조가 발생했다.

한편, 남세균 녹조로 인해 식수에서 악취를 유발할 수 있는 물질은 지오스민 외에 다른 물질도 있다. 일부 남세균은 2-메틸이소보르네올(2-MIB)을 생산하는데, 곰팡내가 나는 물질이다.

베타-사이클로시트랄(β-cyclocitral)의 경우는 감귤류와 같은 냄새가 나며, 옥테놀(octenol)은 사향 또는 꽃냄새가 난다. 일부 남세균은 썩은 달걀 냄새가 나는 황(S) 화합물을 만들기도 한다.

수돗물에서 악취를 유발하는 물질을 제거하기 위해서는 기존

수도권의 상수원인 팔당호에서 녹조를 일으키는 남조류 중에서 흙냄새를 내는 종류가 있는
것으로 확인됐다. 사진은 2012년 팔당호에서 발생한 녹조의 모습 ⓒ 중앙일보

3부 독소 만드는 남세균

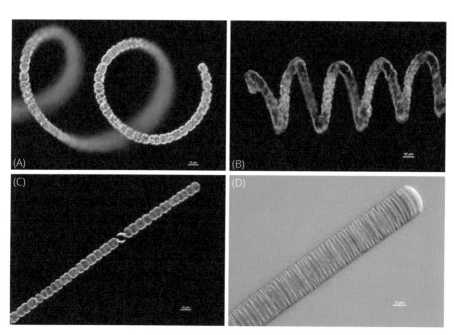

흙냄새 유발 유전자를 가진 남조류. (A)아나베나 써시날리스(*Anabaena circinalis*), (B)아나베나 크라사(*Anabaena crassa*), (C)아나베나 플랑크토니카(*Anabaena planctonica*), (D)오실라토리아 프린셉스(*Oscillatoria princeps*) ⓒ 국립환경과학원

녹조의 번성, 남세균 탓인가 사람 잘못인가

정수처리 시설이 아닌 고도 정수처리 시설을 갖춰야 한다. 고도 정수처리 공정에는 악취 물질을 흡착하는 활성탄(activated carbon) 처리, 산화해서 분해하는 오존처리, 막(membrane) 여과 등이 포함된다.

악취를 발생하는 남세균의 유무를 미리 파악하기 위해 남세균 가운데 악취 유발 물질과 관련된 유전자를 가지고 있는지를 모니터링하는 것도 중요하다. 국립환경과학원 등에서는 실시간 정량 중합효소 연쇄반응(quantitative real time polymerase chain reaction, qPCR) 방법으로 상수원수 내에 지오스민이나 2-MIB 생성 남조류를 모니터링하고 있다. 코로나19 바이러스를 검사하는 것과 비슷한 원리로 물속에 특정 유전자를 가진 남세균을 신속하게 파악할 수 있다.

2017년 한강 팔당호에서는 지오스민 유전자를 가진 남세균으로 아나베나, 오실라토리아속(Oscillatoria)의 남세균 4종이 확인됐다.[14] 국립환경과학원은 2020년에는 곰팡내를 유발하는 물질인 2-MIB를 생산하는 슈드아나베나(Pseudanabaena)와 플랑크토쓰릭스(Planktothrix) 등 남세균 2개 속의 관련 유전자 정보도 확보하기도 했다.

6.
남세균이 만든 독소 시아노톡신의 유해성

남세균 중에는 독소를 만드는 종류가 많다. 남세균 독소는 통틀어 시아노톡신(cyanotoxin)이라고 하는데, 시아노박테리아가 만드는 독소라는 의미다.[15] 시아노톡신에는 마이크로시스틴, 아나톡신 등 여러 종류가 있는데, 마이크로시스틴만 하더라도 세부적으로는 270가지 이상이 보고되고 있다.

남세균 독소는 남세균에게 도움이 될 수 있지만, 사람과 동물을 포함한 다른 생물에게는 해로운 영향을 미칠 수 있다. 남세균 녹조를 유해 조류 대발생이라고 하는 이유다.

남세균이 왜 독소를 생산하는지는 알 수 없지만, 진화의 관점에서 본다면, 독소가 생존과 번식에 유리하게 작용하고 있다고 봐야 할 것이다. 독소가 다른 조류와의 경쟁에서 유리하게 작용할 수도 있다. 태양광이나 영양염류를 놓고 경쟁을 벌이는 상황에서

녹조의 번성, 남세균 탓인가 사람 잘못인가

도움이 될 수도 있다는 얘기다. 남세균이 동물성 플랑크톤이나 물고기에 의해 포식되는 것을 막아주는 역할을 할 수도 있다.

남세균 독소는 환경 스트레스로부터 방어하는 역할을 할 수도 있다. 나중을 위해 과잉인 영양물질을 세포 내에 저장하는 수단이 될 수도 있고, 수온 변화나 태양광, 과산화수소로부터 세포를 지키는 수단일 수도 있다. 독소의 역할에 대해서는 연구가 더 필요한 부분이다.

남세균이 생산하는 독소의 양은 수층의 질소:인(N:P) 비율에 따라 달라질 수 있다. 일반적으로 남세균은 성장과 번식을 위해 질소와 인을 모두 필요로 하지만, 일정 비율(보통 16:1) 범위를 벗어나면 둘 중 하나는 과잉 상태가 된다. 질소가 과잉일 때, 혹은 인이 과잉일 때 독소를 더 많이 생성하기도 한다.

남세균 독소에서 대표적인 것은 마이크로시스틴(microcystin)이다. 마이크로시스틴은 사람이나 동물에서 간 독성(간에 유독함)을 비롯해 다양한 증상을 초래하며, 심하면 사람과 동물이 사망에 이르기도 한다. 마이크로시스틴은 마이크로시스티스(*Microcystis aeruginosa*)를 포함해 다양한 남세균이 생성한다.

또 다른 시아노톡신인 아나톡신(anatoxin)은 신경독성, 즉 신경계에 독성을 나타내며 인간과 동물에서 근육 경련, 근육 마비, 호흡 부전을 일으키고, 그리고 사망에 이르게 할 수 있다. 삭시톡신(saxitoxin)은 인간과 동물에서 마비성 패류 중독(PSP)을 일으킬 수 있는 강력한 신경독 그룹인데, 이를 만드는 남세균도 있다.

실린드로스퍼몹신(cylindrospermopsin)은 간 독성을 나타내며, 사람과 동물에서 간 손상과 암을 일으킬 수도 있다. 장기간 노출

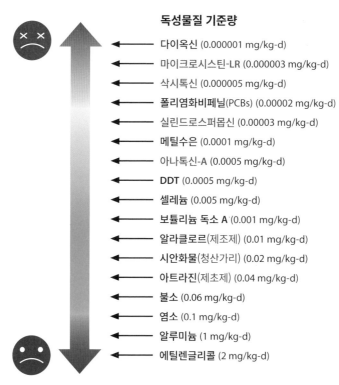

독성물질 기준량

다이옥신 (0.000001 mg/kg-d)

마이크로시스틴-LR (0.000003 mg/kg-d)

삭시톡신 (0.000005 mg/kg-d)

폴리염화비페닐(PCBs) (0.00002 mg/kg-d)

실린드로스퍼몹신 (0.00003 mg/kg-d)

메틸수은 (0.0001 mg/kg-d)

아나톡신-A (0.0005 mg/kg-d)

DDT (0.0005 mg/kg-d)

셀레늄 (0.005 mg/kg-d)

보툴리늄 독소 A (0.001 mg/kg-d)

알라클로르(제조제) (0.01 mg/kg-d)

시안화물(청산가리) (0.02 mg/kg-d)

아트라진(제초제) (0.04 mg/kg-d)

불소 (0.06 mg/kg-d)

염소 (0.1 mg/kg-d)

알루미늄 (1 mg/kg-d)

에틸렌글리콜 (2 mg/kg-d)

남세균 독소(빨간 글씨)와 다른 유해물질의 독성 비교. 독성 물질 기준량(Toxin Reference Dose): 하루 동안 섭취했을 때 독성이 나타나는 양으로 체중 1kg당 독성물질의 양(mg)으로 표시. 마이크로시스틴-LR의 독성이 청산가리의 6666배임을 나타낸다. 미 오하이오주립대(2015)의 자료를 다시 그림

녹조의 번성, 남세균 탓인가 사람 잘못인가

되면 암에 걸릴 수 있다는 것이다.

노듈라린(nodularin)은 인간과 동물에서 간 손상, 암을 일으키고, 사망까지 유발할 수 있는 간 독성 시아노톡신이다. 링비아톡신(lyngbyatoxin)은 피부와 눈을 자극하는 시아노톡신으로, 사람과 동물의 신경학적 증상을 유발할 수 있다.

BMAA(β-N-methylamino-L-alanine)는 근위축성 측삭 경화증(ALS)이나 알츠하이머병을 포함해 사람과 동물의 여러 신경 장애에 연루돼 있다. BMAA 노출과 이러한 질병 사이의 연관성은 아직 완전히 밝혀지지 않았고, BMAA의 건강 영향을 확인하기 위해서는 더 많은 연구가 필요한 상태다.[16, 17]

모든 남세균 종류가 시아노톡신을 생성하는 것은 아니다. 남세균이 어떤 독소를, 얼마나 생산하는지는 온도나 영양염류의 가용성(availability), 태양광 등 환경요인에 따라 달라질 수 있다. 남세균 독소는 자연계 먹이사슬 등 다양한 경로를 거쳐 사람의 건강을 해칠 수도 있는 만큼 남세균 녹조와 시아노톡신에 대한 지속적인 모니터링이 필요하다.

남세균 녹조가 발생한 곳에서 레크리에이션 활동을 하는 것은 주의할 필요가 있다. 수돗물을 통한 독소 오염을 방지하기 위해서는 고도 정수처리가 필요하며, 농산물이나 수산물이 시아노톡신으로 오염될 우려도 있는 만큼 식품에 대한 관리도 중요하다.

7.
마이크로시스틴은 얼마나 위험할까?

〜〜〜〜〜

    남세균 독소는 얼마나 해롭기에 다들 걱정할까? 남세균 독소 (cyanotoxin)의 대표 주자인 마이크로시스틴을 보자. 마이크로시스틴은 섭취하거나 피부 접촉을 통해 노출될 경우 피부 발진 등 사람과 동물에게 해로울 수 있는 것으로 알려져 있다. 마이크로시스틴을 섭취하게 되면 복통과 두통, 인후통, 구토 및 메스꺼움, 마른 기침, 설사, 입 주변 수포, 폐렴 등의 증상이 나타난다. 위장 장애, 간 손상을 일으키고, 심하면 사망에 이를 정도다. 남성 정자 수 감소 등 생식 독성도 가지고 있다. 건강 피해는 섭취량에 좌우되지만, 개인의 민감도 역시 중요하다.

    독성 측면에서 마이크로시스틴은 시안화물(청산가리)보다 독성이 더 강한 것으로 간주된다. LD_{50}, 즉 노출 인구의 50%를 죽이는 데 필요한 독소의 양으로 비교한다면, 마이크로시스틴의

LD_{50}은 마이크로시스틴의 종류와 개인 민감도에 따라 체중 1kg 당 0.8~50mg 범위인 것으로 보고됐다. 시안화물의 LD_{50}은 약 6~7mg/kg인 것으로 알려졌다. 마이크로시스틴 중에서도 독성이 가장 강한 마이크로시스틴-LR은 청산가리의 1만 배 독성을 가지고 있다고 일부에서는 주장한다.

마이크로시스틴은 남세균에 의해 생성되는 고리형 펩티드(peptide)인데, 270개 이상의 변이체가 존재하는 것으로 보고됐다. 마이크로시스틴은 아미노산과 Adda*라고 하는 특이한 비단백질 생성 아미노산 1개로 구성되는 공통 분자 구조를 갖는다.[15]

마이크로시스틴이 다양하게 존재하는 것은 분자 구조 속에 2개의 가변 아미노산이 있기 때문이다. 아미노산이 20개 있다고 할 때, 2개 가변 아미노산의 단순 조합으로도 400종의 마이크로시스틴이 존재할 수 있다. 여기에 부분적인 변형도 나타난다.

마이크로시스틴의 이름은 환형 헵타펩티드 고리의 구조에 기초한 표준 관례를 따른다. 각 마이크로시스틴 변이체의 이름은 '마이크로시스틴(MC)'으로 시작하고 그 뒤에 펩타이드 고리의 가변 아미노산 2개를 나타내는 대문자 2개가 온다. 예를 들어 MC-LR은 2번 위치에 L-류신(leucine, L), 4번 위치에 L-아르기닌(arginine, R)이 있다는 의미다.**

---

* 3-아미노-9-메톡시-2, 6, 8-트리메틸-10-페닐데카-4,6-디에노산 (2S, 3S, 4E, 6E, 8S, 9S)-3-amino-9-methoxy-2, 6, 8-trimethyl-10-phenyldeca-4, 6-dienoic acid)

** 마이크로시스틴 가운데 MC-LA는 microcystin–leucine–alanine이란 의미이고, MC-LF는 microcystin–leucine–phenylalanine, MC-LW는 microcystin–leucine–tryptophan, MC-RR은 microcystin–arginine–arginine, MC-YR은 microcystin–tyrosine–arginine을 가리킨다.

현재 국내 외에서는 모든 마이크로시스틴을 정밀 분석할 때 액체 크로마토그래피 텐덤 질량분석법(LC-MS/MS)을 사용하는데, 마이크로시스틴 중에서도 4~6종만을 분석하는 경우가 보통이다. 일반적으로 연구되는 변이체에는 MC-RR, MC-YR, MC-LA 등이 있다. 남세균의 새로운 종, 혹은 변이종이 발견됨에 따라 새로운 마이크로시스틴 변이체도 식별될 수 있기 때문에 앞으로도 마이크로시스틴 변이체 숫자는 늘어날 것이다.

이런 마이크로시스틴은 사람의 건강에 다양한 영향을 주는 것으로 알려졌다. 우선 마이크로시스틴이 포함된 물과 접촉하면, 피부 자극이나 발진, 가려움증을 유발할 수 있다. 마이크로시스틴을 코로 흡입하면, 기침, 쌕쌕거림, 호흡곤란과 같은 호흡기 문제가 발생할 수 있다.

마이크로시스틴에 오염된 물이나 음식을 섭취하면 메스꺼움, 구토, 복통, 설사와 같은 위장관(gastro-intestinal tract)에 증상이 나타날 수 있다. 일부 연구에서는 남세균 독소에 노출되면 유익한 장내 세균이 영향을 받을 수 있다고 지적한다.

쥐를 이용한 실험에서 마이크로시스틴에 노출되면, 유익한 특정 세균 집단의 비율이 감소하고, 잠재적으로 유해한 세균이 증가해 쥐의 장내 미생물 군집이 변화하는 것으로 나타났다. 마이크로시스틴에 노출되면 장의 면역 관련 유전자가 발현 수준이 달라져 장 염증이나 손상이 나타날 수도 있다.

마이크로시스틴과 같은 일부 시아노톡신은 간 손상을 유발할 수 있는데, 심한 경우 간부전으로 이어질 수 있다. 마이크로시스틴은 간에서 세포 기능을 조절하는 효소인 포스파타제를 억제하

녹조의 번성, 남세균 탓인가 사람 잘못인가

는 것으로 알려졌다. 이로 인해 간세포에 독성물질이 축적되고, 산화 스트레스와 염증반응을 일으키고, 궁극적으로 세포 사멸로 이어질 수 있다.

남세균 독소로 인한 피해를 예방하기 위해서는 상수원에 남세균 녹조가 발생했을 때는 독소 흡입을 피하기 위해 물가에 접근하지 않는 것이 좋다. 어업이나 레크리에이션 활동을 하지 말라는 경고를 따르고, 변색되거나 강한 냄새가 나는 물을 섭취하지 않아야 한다. 녹조가 발생한 지역의 어패류도 먹지 않는 것이 바람직하다.

마이크로시스틴의 기본 구조. 아래는 다양한 마이크로시스틴(자료: WHO, 2020)

8.
아나톡신과 BMAA는
동물 신경계에 작용한다

남세균 독소 가운데 하나인 아나톡신은 동물의 신경계에 작용하는 강력한 신경독이다. 아나톡신은 섭취했을 때는 구토, 복통, 설사를 일으키고 호흡곤란을 겪을 수도 있다. 야생 동물이 아나톡신에 노출돼 폐사한 사례도 보고되고 있다.

아나톡신은 크게 아나톡신-a와 호모아나톡신(homoanatoxin)으로 나뉜다. 아나톡신-a는 2개의 고리구조를 가지며, 강력한 아세틸콜린 작용제이다. 신경계의 니코틴성 아세틸콜린 수용체에 결합하고 이를 활성화해 신경 임펄스와 근육 수축을 과도하게 자극한다. 아나톡신-a는 독성이 매우 강해서 여기에 노출되면 근육 경련, 호흡 마비 등의 증상을 동반한다. 체중 1kg당 0.1mg의 낮은 농도에서도 사람과 동물이 빠르게 목숨을 잃을 수도 있다.

아나톡신-b는 아나톡신-a와 유사한 화학구조를 가지고 있으며, 역시 강력한 아세틸콜린 작용제다. 니코틴성 아세틸콜린 수용체에 결합하여 신경 임펄스와 근육 수축을 과도하게 자극해, 근육 경련과 호흡 마비를 일으킨다. 아나톡신-b 역시 독성이 매우 강해서 체중 1kg당 0.5mg의 낮은 농도에서도 사람과 동물의 목숨을 앗아갈 수도 있다.

호모아나톡신-a는 아나톡신-a의 구조적으로 약간 차이가 있다. 마찬가지로 아세틸콜린 작용제로서 독성이 매우 강하다. 이 밖에 디하이드로아나톡신-a, 에폭시아나톡신-a, 아나톡신-as 등 다른 유형의 아나톡신들도 보고되고 있다. 각 아나톡신은 조금씩 다른 화학구조를 갖고 있으며, 독성에서도 다소 차이가 있다.[15]

아나톡신의 LC_{50}(반수 치사 농도, 실험동물 50%를 사망하게 하는 독성 물질의 농도)은 대상 생물종에 따라 달라질 수 있다. 노출 경로, 즉 입으로 먹는 경우(경구), 코로 마시는 경우(흡입), 피부에 닿는 경우(접촉)에 따라 달라질 수 있다. 그러나 아나톡신의 LC_{50} 값은 일반적으로 매우 낮으나 수생 생물과 포유류에 대한 독성은 높다.

예를 들어, 아나톡신-a의 LC_{50}은 어류나 동물성 플랑크톤과 같은 다양한 수생 생물종에 대해 0.05~0.28mg/L 정도로 낮은 것으로 보고되고 있다. 아나톡신-b의 LC_{50}은 여러 수생 종에 대해 0.2~0.7mg/L 범위로 약간 더 높은 것으로 보고됐다. 포유류의 경우 아나톡신-a의 경구 LC_{50}은 체중 1kg당 0.3~20mg인 것으로 보고됐다. 아나톡신-b의 LC_{50}도 유사한 범위에 있으며, 일반적으로 대부분의 동물종에 대해 체중 1kg당 1~5mg 정도다.

남세균 독소의 일종인 실린드로스퍼몹신(cylindrospermopsin)에 노출되면 열이 나고 두통과 구토, 혈변 등의 증상을 보이고, 간과 신장에 손상이 생긴다.

남세균 독소 중에는 BMAA(β-Methylamino-L-alanine, 베타 메틸아미노 L 알라닌)라는 것도 있다. BMAA가 국내에 이름을 알리게 된 것은 2022년 여름이다. 8월 12일 낙동강 보 수문 개방으로 낙동강에 발생했던 녹조가 부산 다대포해수욕장으로 밀려왔고, 이로 인해 해수욕장이 일시 폐쇄됐다. 당시 해수욕장 바닷물에서 이 BMAA가 검출됐다.[16]

환경운동연합, 낙동강네트워크, 대한하천학회 등으로 구성된 낙동강 국민 체감 녹조 조사단은 당시 폐쇄 중이던 다대포해수욕장 바닷물을 분석했는데, BMAA가 1.116ppb 검출됐다고 기자회견에서 밝혔다. 국내 환경 시료에서 BMAA가 검출된 것은 그때가 처음이었다.

BMAA는 알츠하이머병과 파킨슨병, 루게릭병 등을 유발하는 것으로 알려진 남세균 독소다. BMAA는 단백질을 구성하는 20개 아미노산에는 포함되지 않는 비단백질성 아미노산이다. 단백질 합성 과정에서 아미노산인 세린(serine) 대신에 BMAA가 들어가게 되면 단백질이 정상적인 기능을 수행할 수 없게 된다. 이로 인해 BMAA에 만성적으로 노출되면 신경 퇴행성 질환으로 이어지는 것으로 알려졌다.

해외에서도 BMAA는 논란이 되고 있다. 얕은 물에 좌초된 돌고래 뇌에서 사람의 알츠하이머병과 비슷한 병리학적 증상이 관찰됐다는 연구 결과가 보고됐는데, 여기에 BMAA가 작용했을 것이란 지적이 나왔다. 고래나 돌고래 떼의 좌초가 치매에 걸린 우두머리가 방향을 잘못 잡은 탓일 가능성도 제기되고 있는데, 그

낙동강에서 떠내려온 녹조로 인해 다대포해수욕장 바닷물이 초록빛으로 변했다. 집중호우가 예상됨에 따라 낙동강 보와 하굿둑을 개방했는데, 이 과정에서 강에 있던 녹조가 바다로 떠내려온 것이었다. 다대포해수욕장은 5년 만에 입수가 금지됐다. ⓒ 연합뉴스

치매가 BMAA와 관련이 있을 수 있다는 것이다.

미국 마이애미대학 연구팀은 2019년 3월 『미국 공공과학 도서관 온라인 학술지(PLOS One)』에 발표한 논문에서 "남세균이 생산한 독소인 BMAA가 좌초된 돌고래 뇌에서 검출됐다"라고 밝혔다. 연구팀은 돌고래 14마리 중 13마리의 뇌에서 g당 20~748μg 수준의 BMAA를 검출했다.[18]

연구팀은 독소 노출과 신경병리학적 변화 사이의 상관관계를 확인하기 위해 뇌 조직을 현미경으로 검사했는데, 독소에 고농도로 노출된 돌고래일수록 청각 피질에서 베타-아밀로이드 플라크가 증가한 것이 관찰됐다. 미국 연구팀은 "남세균 녹조 발생 여부와 먹이 종류가 돌고래 뇌의 BMAA 농도에 영향을 미치는데, 돌고래와 같은 최상위 포식자에게는 먹이사슬을 통해 BMAA가 축적될 수 있다"라고 밝혔다.

고래나 돌고래 좌초가 알츠하이머병 같은 치매 때문일 수 있다는 지적은 다른 연구에서도 제기된 바 있다. 네덜란드 라이덴대학과 영국 글래스고대학, 에든버러대학 등의 연구팀은 2022년 12월 돌고래 4마리에서 알츠하이머병 유사 증상이 관찰됐다는 내용의 논문을 『유럽 신경과학 저널(European Journal of Neuroscience)』에 발표했다.[19]

연구팀은 "좌초 현상이 흔한 참거두고래의 경우 모계 가족 단위로 생활하는데, 암컷이 집단 이동을 주도한다"라며 "참거두고래 소그룹의 리더가 신경 퇴행성 관련 인지 저하로 고통을 받는 경우 방향감각 상실로 소그룹을 얕은 물로 이끌고, 결국 좌초로 이어질 수도 있다"라고 설명했다.

9.
공기 중에도 남세균 독소가 있다

강이나 호수에 사는 남세균 중에는 독소를 만드는 종류가 있는데, 이들이 짙은 녹조를 형성할 경우 주변 공기에도 남세균 세포와 독소가 검출될 수 있다. 바로 에어로졸(aerosol) 형태, 아주 미세한 먼지 형태로 날아다닌다.

실제로 국내에서도 남세균 녹조 때 공기 중에서 남세균 독소가 검출된 사례가 있다. 특히 낙동강에서 1km 이상 떨어진 부산지역 아파트 단지에서도 독소가 검출돼 부산, 대구 등 대도시의 많은 인구가 독소에 노출됐을 가능성도 제기되고 있다.

환경운동연합, 낙동강네트워크, 대한하천학회는 2022년 9월 21일 서울 여의도 국회 소통관과 부산, 대구, 경남지역 등 4곳에서 동시 기자회견을 열고 낙동강 인근 지역 공기 에어로졸(미세먼지)에서 남세균(남조류) 독소가 검출됐다고 밝혔다.[20]

환경운동연합 등은 이날 기자회견에서 "에어로졸에서 검출된 남세균 독소는 2016년 미국 뉴햄프셔주에서 분석한 농도를 크게 웃돈다"라고 주장했다.

조사단은 2022년 8~9월 낙동강 주변 14곳에서 물과 공기 시료를 채취해 남세균 독소를 분석했다. 창원대학교 김태형 교수팀이 공기 시료를 채집했고, 부경대학교 이승준 교수팀과 경북대학교 신재호 교수팀이 녹조 독소를 분석했다.

7곳의 물 시료를 분석한 결과, 최대 5,337ppb(μg/L)의 마이크로시스틴(총 마이크로시스틴 농도)이 검출됐다. 최고치는 경남 합천군의 한 저수지에서 측정됐고, 낙동강 화원유원지 부근에서도 366ppb가 검출됐다. 미국 환경보호국(EPA)의 물놀이 기준인 8ppb를 크게 초과하는 수준이다.

11곳에서 채집한 공기 시료 중에서는 마이크로시스틴이 m³당 0.1~6.8ng의 범위로 검출됐다. 가장 많이 검출된 곳은 경남 김해시 대동 선착장이었고, 창원시 본포 생태공원에서도 4.69ng/m³가 검출됐다.

사실 10여 년 전부터 미국과 뉴질랜드 등 해외에서도 공기 중에서 남세균 독소가 검출된다는 보고가 잇따르고 있다. 해외에서는 에어로졸에서 남세균 독소가 검출되고, 사람의 콧속과 기도, 폐에서도 독소가 검출됐다는 연구 결과가 다양하게 보고되고 있다.[21]

환경운동연합이 언급한 것처럼 2015년 미국 뉴햄프셔주 강 주변 공기에서는 0.013~0.384ng/m³가, 2010년 미국 캘리포니아 호수 주변 공기에서는 평균 0.052ng/m³(최대 3ng/m³), 2007년 미국 미시간주 호수 주변 공기에서는 0.02~0.08ng/m³가 검출되

화원유원지에서 에어샘플러로 공기를 포집하고 있다. ⓒ 대구환경운동연합

기도 했다.

2010년 미국 질병통제예방센터(CDC) 연구팀은 『톡시콘(Toxicon)』이란 저널에 게재한 논문에서 "캘리포니아 댐 저수지에서 레크리에이션 활동을 한 어린이와 성인 81명의 콧구멍 속을 면봉으로 닦아내 분석한 결과, 면봉에 마이크로시스틴이 최대 3.3ng이 들어있었다"라고 밝혔다.[22]

당시 저수지에서 검출된 마이크로시스틴 농도는 10ppb 미만에서부터 많게는 500ppb까지 다양했다. 에어로졸화된 마이크로시스틴의 평균 농도가 m³당 0.3ng이었고 평균 노출 시간은 109분, 가벼운 운동을 하는 성인이 1분에 25L(0.025m³)의 공기를 흡입

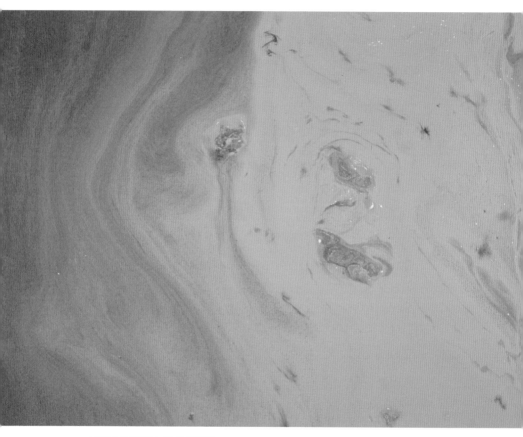

낙동강에 발생한 녹조 ⓒ 박종학

녹조의 번성, 남세균 탓인가 사람 잘못인가

한다고 했을 때, 평균적으로 성인 연구 참가자가 0.8ng의 마이크로시스틴을 흡입하는 것으로 추산된다는 것이다.

연구팀은 "레크리에이션 전보다 후에 측정했을 때 면봉에서 더 많은 마이크로시스틴이 검출됐다"라며 "녹조가 발생한 수역에서의 레크리에이션 활동은 마이크로시스틴의 노출 경로가 될 수 있다"라고 덧붙였다.

2011년 뉴질랜드, 독일 연구팀은 『환경 모니터링 저널(Journal of Environment Monitoring)』에 실은 논문에서 "마이크로시스틴은 극도로 안정한 화합물이며 일단 공기로 퍼지면 분해되지 않고 수km를 날아갈 수 있다"라며 "호수를 이용하는 사람뿐만 아니라 인근 인구에 대해서도 에어로졸화 독소의 건강 영향을 고려해야 한다"라고 지적했다.[23]

다만 세계보건기구(WHO)의 음용수 기준이 $1\mu g/L$이고 성인이 하루 2L의 물을 마신다고 하면 마이크로시스틴의 하루 섭취 허용량은 $2\mu g$ 이하인 것으로 볼 수 있고, 입으로 마시는 것보다 코로 흡입하는 경우가 10배 위험하다고 쳐도 하루 최대 일일 흡입량이 60kg 성인의 경우 200ng 이하면 큰 문제가 없는 것으로 보았다. 마이크로시스틴 농도가 $5.5ng/m^3$인 공기를 계속 마셔야 하루 200ng을 흡입하게 되는데, $0.3ng/m^3$의 농도로는 위험한 수준을 크게 밑도는 셈이다.

국내에서도 2021년부터 언론을 통해 에어로졸 문제가 제기됐고, 환경부와 국립환경과학원도 2022년부터는 낙동강 등지에서 에어로졸 속 남세균 독소를 분석에 들어갔지만, 아직 구체적인 분석 결과는 공개되지 않았다.[21]

10.
공기 중의 독소 에어로졸 연구는 진행형

미국에서는 지난 10여 년 동안, 그리고 최근에도 에어로졸 속 남세균 독소에 대한 연구가 활발히 진행되고 있다. 안심할 수 있는 상황이라고 판단하기에는 아직 이르기 때문이다. 2021년 7월 미국 환경보호국(EPA) 연구팀은 『환경보건(Environmental Health)』 저널에 게재한 논문에서 "상수원의 남세균 농도와 이틀 뒤 호흡기 질환 발병 사이에 유의미한 연관성이 나타났다"라고 밝혔다. 2008~2011년 인공위성으로 보스턴 지역 상수원의 엽록소a 농도를 측정하고, 병원 응급실을 찾은 환자들을 비교한 결과다.[24]

연구팀은 "상수도 급배수 시스템에서 물이 평균적으로 이틀 동안 체류하는데, 이 시간 후에 연관성이 나타난 것은 남세균의 영향을 받은 원수로 생산한 수돗물 탓에 호흡기 증상이 나타난 것일 수도 있다"라고 추정했다. 녹조가 발생한 뒤 오염된 수돗물로

녹조의 번성, 남세균 탓인가 사람 잘못인가

식기 세척과 목욕, 잔디 물주기, 또는 다른 방식의 수돗물 사용으로 물 에어로졸이 생성되는 경우가 녹조 독소에 대한 잠재적 호흡기 노출 경로가 될 수 있다는 설명이다.

2022년 9월 미국 노스캐롤라이나대학의 해양과학연구소와 길링스 세계 공중보건대학원, 노스캐롤라이나주립대, 마이애미대학 등의 연구팀은 『종합 환경 연구(Science of Total Environment)』 국제 저널에 발표한 논문에서 "독성을 지닌 여러 남세균이 초미세먼지에서 검출됐다"라고 밝혔다. 연구팀은 2020년 여름 노스캐롤라이나주 동부에 위치한 초완강(Chowan River)과 앨버말 해협의 하구(estuary)에 남세균 녹조가 발생했을 때 물과 공기 시료를 채취하고, 남세균 세포 성분과 독소를 분석했다.[25, 26]

연구팀은 물과 초미세먼지 시료 속의 DNA를 분석했는데, 물과 공기에서 공통으로 발견되는 세균 변이주가 201개였다. 이 가운데 남세균에 해당하는 변이주는 15개였다. 물에서 발견됐던 아나베나속, 아파니조메논속, 마이크로시스티스속의 남세균 DNA가 초미세먼지 속에서도 확인이 됐다.

연구팀은 "초미세먼지에서 마이크로시스티스 등 녹조를 형성하는 독성 남세균이 확인됐고, 이들 남세균으로 인해 공기 중 초미세먼지 농도가 증가하는 것이 확인됐다"라면서 "여러 남세균 종류가 동시에 에어로졸화하면서 물속 남세균 세포 성분이 공기 중의 남세균 성분에 반영되는 것으로 나타났다"라고 설명했다. 연구팀은 "세포 내에 기포를 갖고 표층에 떠오를 수 있는 마이크로시스티스 같은 경우 햇빛에 더 많이 노출되고 더 많이 에어로졸화할 수 있다"라고 지적했다.

하지만 초미세먼지 시료에서는 남세균 독소 성분은 검출되지는 않았다. 연구팀은 "공기 중에 독소가 존재했는데, 이를 놓쳤을 수도 있다"라며 "초완강 하구에서 남세균 독소가 에어로졸화할 가능성을 배제하지 않는다"라고 강조했다.

2020년 『유해 조류(Harmful Algae)』 저널에 게재한 논문에서 미국 플로리다 애틀란틱대학 연구팀은 "녹조가 발생한 시기 수변에서 활동하는 121명의 콧속을 면봉으로 닦아내 조사한 결과, 115명에서 콧속에서 마이크로시스틴이 평균 0.61ppb가 검출됐다"라고 밝혔다. 연구팀은 "물과 접촉하지 않은 사람들에 비해 녹조가 발생한 물과 최근에 직접 접촉한 사람들을 비교했을 때, 마이크로시스틴 농도에 유의미한 차이가 있음이 확인됐다"라며 "직업으로 인해 녹조가 발생한 물과 정기적으로 접촉하는 개인을 고위험 인구로 고려할 필요가 있음을 시사한다"라고 덧붙였다.

미국 다트머스대학 연구팀은 2018년 『종합 환경 과학(Science of the Total Environment)』 저널에 게재한 논문에서 "중합효소 연쇄반응(PCR) 검사에서 대상자의 92%는 상기도(上氣道)에서, 79%는 중기도에서 남세균이 검출됐다"라고 밝혔다.

연구팀은 "사람이 콧구멍과 폐에 숨어 있을 수 있는 에어로졸화된 남세균을 흡입한다는 것을 시사한다"라며 "에어로졸이 인간에게 남세균이 전파되는 중요한 경로일 수 있다는 가설과 일치한다"라고 강조했다. 연구팀은 수변에 사는 사람만 남세균에 노출되는 것은 아니지만, 강과 호수 등이 남세균에 주요한 원인인 것은 사실이라고 덧붙였다.

에어로졸 형태로 공기 중에 떠다니는 남세균 독소는 사람의 기

매사추세츠주 난터켓섬의 카파움폰드에서 2019년 해안선을 따라 시아노톡신을 수집하는 데 사용된 에어로졸 샘플링 장치(ASD) (자료: J. W. Sutherland et al., 2021)

도(氣道) 상피세포에서 염증 반응을 일으킬 수도 있다. 미국 오하이오주 털리도대학과 오리건주립대학 연구팀은 2022년 9월 『국제환경(Environment International)』 저널에 발표한 논문에서 에어로졸 속의 남세균 독소가 기도 상피세포에 영향을 주는 것이 확인됐다고 밝혔다.[27, 28]

독소가 포함된 에어로졸이 바람에 날려 공기 중에 떠돌다가 사람의 호흡기로 들어오는데, 기도 상피세포, 즉 호흡할 때 공기가 지나가는 길인 콧구멍과 콧속, 인두, 후두, 기관, 기관지 등의 겉을 덮고 있는 세포에 영향을 준다는 것이다.[29]

한편, 2021년 8월 미국 마이애미대학 연구팀은 『에어로졸과 공기 질 연구(Aerosol and Air Quality Research)』 저널에 발표한 논문에서 "여과 효율 등급이 높은 안면 마스크나 헤파(HEPA, 고효율 미립자 공기) 필터를 장착한 실내 공기 청정기를 사용하면 유해 조류의 독소에 대한 노출을 피할 수 있다"라고 밝혔다.[30] 당시 연구팀은 실험에서 마이크로시스티스를 실험실 내에서 배양하면서 에어로졸화시키고, 마이크로시스틴 농도를 측정했다.

녹조의 번성, 남세균 탓인가 사람 잘못인가

11.
물이 오염되면 공기도 오염된다

〜〜〜〜

　오·폐수가 유입된 해안에서는 바닷물뿐만 아니라 공기도 오염 된다는 사실이 실험으로 확인됐다.

　파도가 칠 때 발생하는 작은 물방울(sea spray)이 오염물질이나 세균을 공기 중으로 퍼뜨리기 때문이다. 이는 바다 적조나 남세균 녹조 때 생성된 독소가 에어로졸을 통해 사람의 건강에도 영향을 줄 수 있다는 의미다. 국내에서는 2022년 여름 낙동강에서 남세 균 녹조 발생 시 남세균 독소인 마이크로시스틴이 에어로졸 형태 로 주변 주거지역까지 날아오는 것으로 조사돼 시민 건강과 관련 해 우려를 낳기도 했다.

　미국 캘리포니아대학 샌디에이고 캠퍼스의 스크립스 해양연 구소 팀은 2023년 3월 『환경 과학 기술(Environmental Science and Technology)』 저널에 연안 수질오염과 대기오염의 관련성을 밝히는 논문을 발표했다.[31, 32] 바다 파도에서 나오는 비말 에어로졸(sea spray aerosol, SSA)을 통해 바다 오염물질이 육지에 있는 사람에게 도달, 영향을 줄 수 있다는 사실을 확인했다는 내용이다.

연구팀은 2019년 5차례 멕시코 티후아나와 미국 캘리포니아 임페리얼 비치 사이의 연안에서 바닷물 시료를 채취하고, 인근 내륙에서 공기 에어로졸 시료를 채취해 분석했다. 임페리얼 비치는 티후아나강을 통해 처리되지 않은 하수가 유입되고 있고, 비가 내렸을 때는 빗물과 함께 오염물질이 들어오는 곳이어서 연안 오염이 자주 관찰되는 곳이다.

연구팀은 화학물질 분석과 더불어 세균 리보솜의 RNA, 즉 16S rRNA를 분석했다. 리보솜은 세균 세포 내에서 단백질 합성이 일어나는 곳이다. 16S rRNA의 염기서열은 세균 종류에 따라 차이가 있어, 물과 공기 시료 속의 rRNA를 분석하면 그 속에 어떤 종류의 세균이 어떤 비율로 분포하는지 파악할 수 있다.

분석 결과, 연구팀은 해양오염과 대기오염의 연관성을 파악하는 데 화학물질보다 16S rRNA를 분석하는 것이 훨씬 효과적인 수단이라는 것을 확인했다. 약물, 식품첨가물, 살생물제 등 화학물질의 경우 농도 차이는 있지만 모든 공기 시료에서 검출돼 차별성이 없었던 반면, 세균의 rRNA는 오염 상황을 잘 나타냈다는 것이다.

연구팀은 "16S rRNA 유전자 분석으로 티후아강을 통해 바다로 들어간 하수 관련 세균이 해양 에어로졸 형태로 육지로 되돌아오는 것을 발견했다"라며 "세균 유전자 상위 40개를 세균 추적자로 사용한 결과, 바닷물에서 온 세균이 평균 41%를 차지했고, 임

녹조의 번성, 남세균 탓인가 사람 잘못인가

페리얼 비치 공기에서는 최대 76%를 차지했다"라고 설명했다.

연구팀은 "기후변화는 더 심한 폭풍을 불러오고, 이로 인해 연안 지역 공기가 더 오염될 수 있다"라며 "시민의 건강을 지키기 위해서 연안 오염을 줄이고 모니터링해야 한다는 점을 보여준다"라고 강조했다. 또한 연구팀은 바다에서 적조가 발생했을 때 브레베톡신(brevetoxin)과 같은 독소나 과불화화합물 같은 인공 유해물질을 포함한 다양한 화학물질과 미생물이 바다에서 대기를 통해 육지로 이동할 수 있다고 지적했다.

한편, 바다를 오염시키는 물질 가운데 미세플라스틱도 있는데, 미세플라스틱도 바다 스프레이(비말)에 의해 다시 공기 중으로 배출되기도 한다. 미세플라스틱은 지름이 $1 \mu m$보다는 크고 5mm 미만인 플라스틱 입자를 말한다. 바다로 들어간 미세·나노플라스틱 가운데 상당량은 파도가 부서지면서 미세한 물방울을 뿜는 바다 스프레이나 거품의 파열 분출을 통해서도 대기 중으로 다시 재분산되기 때문이다.

미국 버지니아 공과대학교 연구팀은 전 세계 바다에서 대기로 배출되는 미세플라스틱 혹은 나노플라스틱(지름이 $1 \mu m$ 보다 작은 것들)은 개수로 따져 5경 개(5×10^{16}개)에 이르고, 무게로는 1.77톤에 이르는 것으로 추산하기도 했다. 해양 환경에는 1억 1,700만~3억 2,000만 톤의 플라스틱 쓰레기가 존재한다.[33]

실제로 중국 충칭대학 연구팀은 2023년 7월 『환경 과학 기술(Environmental Science and Technology)』에 발표한 논문에서 나노플라스틱이 남세균 독소의 강력한 운반체(vector) 역할을 할 수 있는 것으로 확인됐다고 밝혔다. 나노플라스틱은 입자 자체가 갖는

미국 캘리포니아 임페리얼 비치. 파도가 부서지면서 생기는 작은 물방울을 통해 바다 오염물질이 공기로 확산할 수 있다. ⓒ wikimedia

미국 캘리포니아에 접한 멕시코 티후아나에서는 제대로 처리되지 않은 하수가 티후아나강을 통해 바다로 흘러든다. 바닷물을 오염시킨 하수는 다시 공기를 오염시키기도 한다.

　　　　　　　　　　　녹조의 번성, 남세균 탓인가 사람 잘못인가

독성 효과 외에도 상대적으로 넓은 표면적을 갖고 있고, 물과 섞이지 않는 소수성(hydrophobic)을 지니고 있어 다양한 오염물질을 흡착, 운반체 역할을 한다는 것이다. 나노플라스틱과 남세균 독소가 함께 있으면 사람에게 더 위험하다.[34, 35]

이 같은 연구 결과는 물속에 있는 미세플라스틱처럼, 물속의 미생물, 특히 남세균 세포가 공기 중으로 나와서 사람의 건강을 위협할 수 있다는 점을 보여준다. 에어로졸로 인한 남세균 독소 노출을 결코 간과해서는 안 된다는 것이다.

4부
건강 위협하는 남세균

1.
남세균은 독소를 왜 만들까?

남세균은 어디에 사용하려고 독소를 만드는 것일까? 아니면 어떤 진화적 이점이 있어서 독소를 만드는 것일까? 앞에서도 소개했지만, 미국 미시간대학과 독일 베를린공과대학교 등에 소속된 연구팀은 2022년 5월 과학저널 『사이언스(Science)』에 "미국 이리호의 남세균을 대상으로 모델링한 결과, 인 성분이 줄어들면 남세균 독소인 마이크로시스틴 생성은 더 많아질 수도 있다"라는 내용의 논문을 발표했다.[1, 2] 연구팀은 질소가 남아돌 때 남세균이 독소를 만드는데, 이 마이크로시스틴이 남세균 세포를 해로운 과산화수소(H_2O_2)로부터 지켜주는 역할을 하는 것으로 봤다.

하지만 이 논문에 대해 네덜란드 암스테르담대학의 연구팀은 『사이언스』에 반론을 게재했다. 인을 줄이는 것이 이리호 남세균을 더 독하게 만들 것이란 주장에 심각한 결함이 있다는 것이다. 미시간대학의 모델은 총 마이크로시스틴 농도만 고려했을 뿐, 270가지가 넘는 마이크로시스틴들로 이뤄지는 전체 마이크로시스틴 구성이 어떻게 달라지는가는 무시했기 때문에 녹조의 독성이 어떻게 될 것인지 예측하기는 어렵다는 것이다.[3]

그리고 남세균이 마이크로시스틴을 만드는 이유는 여러 가지로 추정되고 있으며, 과산화수소의 피해를 막기 위한 것은 추정되는 여러 가지 이유 가운데 하나일 뿐이라고 지적했다. 예를 들어, 남세균은 동물성 플랑크톤에 의한 섭식에 대한 방어, 경쟁자인 다른 조류를 공격하는 타감작용(allelopathy), 산화 스트레스에 대한 보호, 탄소·질소 대사와 세포 신호 전달 등을 위해 마이크로시스틴을 만들 수도 있다는 것이다.

네덜란드 연구팀은 "미시간대학팀의 연구는 인 농도를 줄일 때 나타나는 다양한 생태학적 반응도 생략했다"라면서 "인이 줄어들면 남세균이 독소를 더 많이 만들 것이라는 도발적인 주장은 (과학적으로) 뒷받침되지 않는다"라고 지적했다.

미시간대학 연구팀은 이런 지적을 재반박했다. 이들은 "모든 생태계 모델과 마찬가지로 우리 모델은 단순화와 불확실성이 있지만, 독소 농도를 예측하지 않는 기존 접근 방식보다 낫다"라고 주장했다.[4] 과산화수소가 남세균이 아닌 일반 종속영양 세균에 의해 다량 생성되고, 이것이 남세균 세포 내로 잘 유입되기 때문에 이를 방어할 필요가 있다는 것이다.

미시간대학 연구팀은 또 "인을 줄일 때 독성이 증가한다는 우리 모델이 마이크로시스티스 남세균의 성장과 독소 생산을 일관되게 잘 표현한다"라며 "녹조 관리는 이용 가능한 최고의 과학과 모델을 기반으로 해야 한다"라고 강조했다. 이 같은 목표를 실현하기 위해서는 때로는 도발적일 필요도 있다는 것이다.

이런 논쟁을 통해서도 남세균이 독소를 왜 만드는지는 정확히 밝혀지지는 않았다. 앞으로 풀어야 할 숙제인 셈이다.

한편, 중국 베이징대학과 미국 MIT 등 국제연구팀은 2022년 5월 『네이처 지오사이언스(Nature Geoscience)』 저널에 발표한 논문에서 "전 세계 5,600개 이상의 호수를 조사했는데, 90% 이상의 호수에서는 인을 호수 내에 붙들어두는 경향이 있어서 호수에서 유출되는 물에는 질소 성분이 상대적으로 더 많아진다"라고 밝혔다.[5]

호수는 보통 질소와 인을 모두 붙잡지만, 인을 상대적으로 더 많이 붙잡는다는 말이다. 이를테면 호수로 들어가는 물에서는 질소와 인 비율이 16.6:1인 데 비해 호수에서 나오는 물은 33.2:1로 나타난다. 연구팀은 논문에서 비료 사용 등으로 인류가 자연계에 질소와 인을 대량 투입하고 있고, 특히 인보다 질소를 더 많이 투입하면서 전통적인 질소와 인의 비율이 무너졌다는 사실을 지적했다.

질소와 인 비율이 외해에서는 15~16, 토양에서는 16~22 정도인데, 지난 50년 동안 인류가 자연계에 투입한 질소와 인의 비율은 19에서 32로 급증했다는 것이다. 하수처리장에서 인을 제거하는 것도 한몫했다.

연구팀은 "호수에서 나가는 물에서 질소 비율이 상승한다는 것은 질소보다 인을 더 많이 잔류시킨다는 의미이고, 이는 영양 순환의 불균형을 악화하는 것"이라며 "호수 하류에 있는 생태계,

낙동강의 남세균 마이크로시스티스(*Microcystis aeruginosa*) 녹조

외부의 고농도 질소 유입에 취약한 호수나 강에서 조류 대발생을 초래하고 산소 고갈과 생물다양성 손실로 이어질 수 있다"라고 지적했다.

8개의 보가 이어진 낙동강의 경우 매년 여름 녹조가 발생하고, 남세균에서 높은 농도의 마이크로시스틴이 검출되는 것도 이들 연구 결과로 설명이 가능하다. 환경부 물환경정보시스템 자료를 보면, 낙동강 지점들의 총인(TP) 농도는 0.04ppm 안팎이고, 총질소(TN) 농도는 2ppm을 웃돈다.

경제협력개발기구(OECD)의 부영양화 지수에서는 총인 농도가 0.035ppm 이상이면 부영양 호수로 분류하는데, 낙동강 지점은 이 기준을 초과하는 수준이어서 매년 여름 녹조가 발생할 여건을 갖추고 있다.

낙동강 주변 하수처리장에는 4대강 사업을 하면서 총인 처리 시설을 설치했지만, 녹조를 억제하기에는 역부족이다. 여기에 질소 농도도 지점에 따라 인 농도의 50~70배 수준이어서 생물체를 구성하는 질소와 인 농도 비율인 16:1을 훨씬 웃돌고 있다. 질소가 충분한 셈이다.

결국 낙동강에서 남세균이 자랄 경우 질소를 충분히 확보할 수 있고 마이크로시스틴 독소도 많이 만들 수 있다는 얘기다.

2.
수돗물에서 나온 남세균 독소
식수 대란 일으켜

2014년 8월 2일 미국 오하이오주의 톨레도시의 정수한 수돗물에서 남세균 독소인 마이크로시스틴 중에서도 독성이 가장 강하다는 마이크로시스틴-LR의 농도가 3~5ppb까지 치솟았다. 세계보건기구(WHO)가 권장하는 마이크로시스틴 농도인 1.0ppb를 초과한 것이다.[6]

톨레도시의 상수원은 미국 5대호 가운데 하나인 이리호의 서쪽 끝부분인데, 여기에 남세균 녹조가 발생했던 것이다. 바람과 물의 흐름이 녹조 덩어리를 수돗물 생산을 위한 상수원수 취수구 쪽으로 밀어 넣었다. 바람은 또한 파도를 일으켜 수층의 남세균을 혼합해 정수장 취수구로 빨려 들어가게 했다. 원수에서는 마이크로시스틴-LR 농도가 50ppb에 이르렀다.

특히, 남세균을 공격해 세포를 파괴하는 바이러스인 시아노파지(cyanophage)로 인해 남세균 독소가 남세균 세포 속에 있지 않고, 물에 녹아 나왔다. 남세균 독소가 정수처리 과정을 통과한 이유다. 전통적인 정수처리는 입자의 제거에 맞춰져 있어서 물속에 녹아있는 것은 제거 효율이 낮기 마련이다.

마이크로시스틴은 특정 남조류에 의해 생성되는 강력한 간독소다. 수온이 상승하고 주변 농경지 등에서 영양염류가 과도하게 호수로 유입되는 상황에서는 남조류가 빠르게 자라고, 그로 인해 독소 농도가 높아질 수 있다.

톨레도 수돗물의 독소 수치가 WHO 안전 기준을 초과함에 따라 시 당국은 비상사태를 선포하고, 상수도 시스템을 사용하는 50만 명의 주민에게 '음용 금지' 주의보를 발령했다. 이 권고는 8월 4일까지 사흘 동안 시행됐다. 이 기간 동안 주민들은 수돗물을 마시지 않도록 권고받았고, 요리나 목욕에 사용하는 것도, 애완동물에게 물을 주는 것도 삼가라는 주의도 받았다. 식수 대란이 벌어지자 지역 상점에서 생수를 찾는 사람이 몰려들었다. 주 방위군이 동원돼 주변 지역으로부터 긴급 물 공급이 이뤄졌다. 단순한 식수 문제로 그친 것이 아니라 지역 산업과 경제에도 큰 영향을 미쳤다.

오하이오주립대학에서 실시한 연구에 따르면 레크리에이션 활동 및 관광에 대한 이틀간의 금지로 인한 경제적 영향은 6,500만 달러에서 7,100만 달러 사이였다. 여기에는 호텔, 레스토랑, 선착장과 같은 사업체의 수익 손실과 금지 기간 동안 일할 수 없는 직원의 임금 손실이 포함된다. 2~3주 후에는 캐나다 온타리오주의 필리섬의 주민들도 비슷한 상황에 처했고, 2주일 가까이 물을 마시지 못하는 고통을 겪었다. 2016년에도 이리호에서는 남세균의 녹조가 창궐해 온타리오의 여러 호수변이 폐쇄되고 수돗물 정수장 가동이 일시적으로 중단되기도 했다.

2014년 식수 대란 이후 오하이오주에서는 녹조와 독성물질 모니터링과 관련 규제를 강화했다. 독성물질을 빠르게 분석하기 위한 효소결합 면역흡착 분석법(ELISA)이라는 방법을 제시했고, 2019년에는 마이크로시스틴 외에 아나톡신-a와 실린드로스퍼몹신, 삭시톡신 기준도 마련했다. 최근에는 독소를 생성하는 남세균을 파악하기 위해 유전자 검출방법인 실시간 중합효소 연쇄반응(qPCR) 방법도 채택했다.

오하이오주립대학 등에서는 주정부의 지원을 받아 녹조 연구 프로그램을 진행하고 있다. 2015년부터 연간 23억 원 정도의 연구비가 지원되고, 녹조 모니터링과 독소 등 독성물질 검출 연구, 녹조와 독성물질을 제거하는 상수도 처리에 관한 연구 등을 진행한다. 아울러 녹조에 관한 대중과 이해관계자에 대한 교육, 정보 공유에도 노력하고 있다.

미국 톨레도대학의 서영우 교수는 2023년 3월 23일 일산 킨텍스에서 열린 '녹조 대응을 위한 전문가 정책 포럼'에서 주제 발표를 했는데, 이 자리에서 서 교수는 오하이오주 환경국 홈페이지에서는 녹조 독성물질에 대한 정보를 공개함으로써 시민들의 신뢰를 얻고 있다고 말했다.

한편, 미국 환경보호국(EPA)에서는 유아 및 취학 전 아동의 경우 0.3ppb의 마이크로시스틴이 든 물을 10일 이상 마시지 않도록 하는 권고 기준을 정해놓고 있다. 학령기 아동과 성인에 대해

녹조가 발생한 미국 이리호에서 물고기가 죽어서 물가로 밀려왔다. ⓒ 연합뉴스

녹조의 번성, 남세균 탓인가 사람 잘못인가

서는 1.6ppb의 기준을 제시하고 있다.

EPA는 "임산부와 수유부, 노인, 면역 저하자, 투석 치료를 받는 사람 등은 일반 인구보다 마이크로시스틴의 건강 영향에 더 취약할 수 있다"라며 "예방 조치로 이러한 민감한 그룹에 속하는 개인은 취학 전 아동에 대한 권장 사항을 따르는 것을 고려할 수 있다"라고 설명했다.

EPA는 "태어난 지 3개월 미만의 영아에 대한 권고 기준은 0.2ppb로 계산됐지만, 0.3ppb 기준에 적용된 안전 계수를 고려한다면 0.3ppb를 적용해도 특별히 위험하지는 않은 것으로 판단된다"라고 덧붙였다. EPA 기준으로는 10일 이상만 노출되지 않는다면 어린이의 경우도 문제는 없다. 달리 말하면 10일 이상 계속 마신다면 건강에 문제가 될 수도 있다는 얘기다.

미국 캘리포니아주 환경보호국 환경건강위험평가소(OEHHA)는 주민들에게 '공지하는 기준'을 제시하는데, 수돗물에서 0.03ppb 이상의 마이크로시스틴이 들어있을 경우 3개월 이상 마시지 않도록 하고 있다. 남성 정자 수의 감소로 이어질 수 있다는 것이다.[7]

결국 2022년 여름 대구 수돗물에서 검출된 수준의 마이크로시스틴 농도가 10일 넘게 지속된다면 어린이 건강을 위협하는 요인이 될 수 있고, 여름 내내 이어진다면 남성의 경우 생식 능력에 문제가 생길 수도 있다.

3.
낙동강 녹조에서 검출된 남세균 독소

국내 강과 호수에서 남세균 독소가 검출된다는 보고가 나오기 시작한 것은 2000년대 들면서부터였지만, 본격적으로 문제가 된 것은 2021년부터다. 이전에도 남세균 독소가 검출돼 우려가 제기되기도 했지만, 일반 시민보다는 전문가들이나 일부 사람들만 관심을 보이는 정도였다. 2021년 여름 환경운동연합이 발표한 수치는 이전에 환경부 등에서 발표하던 것과 차원이 달랐기 때문이다.

환경운동연합은 2021년 8월 24일 서울 종로구 누하동 단체 사무실에서 기자회견을 열고 부경대학교 식품영양학과 이승준 교수와 함께 낙동강과 금강에서 물 시료에서 총 마이크로시스틴(total microcystin) 농도를 분석한 결과를 발표했다.[8]

대구환경운동연합은 오마이뉴스, MBC PD수첩, 뉴스타파 등과 공동으로 조사를 진행했는데, 2021년 7월 28일부터 8월 20일

녹조의 번성, 남세균 탓인가 사람 잘못인가

까지 영주댐 상류에서 물금까지 낙동강 27개 지점과 용두정수장 등 금강 5개 지점에서 표층수(수심 0~15cm)를 각각 1~5회 시료로 채취했다. 남세균 독소를 분석한 결과, 낙동강 중류 국가산단 취수구 부근에서는 총 마이크로시스틴이 L당 4,914.39μg이 검출됐다는 것이다. 4,914.39μg/L, 즉 4,914.39ppb는 미국 환경보호국(EPA)이 2019년 5월 물놀이 기준치로 권고한 8ppb의 614배에 이르는 농도였다. 세계보건기구(WHO)의 음용수 기준에서는 총 마이크로시스틴이 아닌 마이크로시스틴-LR(MC-LR) 농도만 따지기 때문에, 그리고 음용수가 아닌 상수원수를 조사한 것이기 때문에 직접 비교는 어렵지만, 기준치 1ppb의 수백~수천 배에 이르는 것으로 추정된다.

당시 조사에서는 낙동강 창녕함안보 상류에서 4,226.41ppb가, 본포취수장 앞에서는 1,555.32ppb, 강정고령보 상류에서는 238ppb가 검출됐다. 금강에서도 어부 배터 선착장 앞에서 2,362.43ppb가, 용포대교 수상스키장 부근에서 1,532ppb가 검출됐다.

음용수나 물놀이 때 부주의로 마시는 물을 통해 마이크로시스틴을 섭취하게 되면 복통과 구토, 설사를 일으킬 수 있고 간 손상이 일어날 수도 있다. 조사에 참여한 정수근 대구환경운동연합 생태보존국장은 "채집 당시 강정고령보 상류는 녹조가 심각해 '녹조 라떼'가 아니라 '녹조 곤죽' 수준이었다"라며 "녹조가 심각한 상황에서도 수상스키를 타는 위험천만한 모습도 눈에 띄었다"라고 말했다.

하지만 환경부 관계자는 당시 "조류경보제를 운용하며 주요 상수원수에서 마이크로시스틴 농도를 분석하는데, 지난 3년 중 최고치가 1.75μg/L(1.75ppb)에 불과할 정도로 미미한 수준"이라고 밝혔다. 상수원수의 마이크로시스틴 농도가 낮기 때문에 이를 정수한 수돗물이 문제가 될 수 없다는 것이 환경부 입장이다.

조사팀은 "환경부는 녹조가 심하지 않은 강 가운데, 취수구와 멀리 떨어진 곳에서 취수하기 때문에 녹조 상황을 제대로 반영하지 못한다"라고 비판했다. 임희자 낙동강 네트워크 공동집행위원장은 "사람들이 물을 이용하고 물을 취수하는 곳은 강의 가장자리"라며 "유역 주민의 안전이 가장 중요하다는 원칙에 따라 이번에 채수했고, 미국에서도 그런 원칙을 적용하는 것으로 알고 있다"라고 말했다.

이승준 교수는 당시 배포한 자료에서 "남세균 독소는 에어로졸(먼지) 형태로 인체에 유입될 가능성이 있고, 미국 환경청에서도 관련 연구를 진행 중"이라며 "최근 연구에서는 코를 통해 들어올 경우 직접 혈관으로 유입될 수 있어 먹는 것보다 더 위험하다는 결과도 있다"라고 지적했다.

임희자 위원장은 "녹조를 해결하기 위해서는 보 수문을 개방해야 하고, 보 수문 개방을 위해서는 취·양수시설의 위치를 조정하는 작업이 필요하다"라며 "낙동강 취·양수시설 개선 비용을 정부 예산에 반드시 반영해야 한다"라고 강조했다.

낙동강에서는 2022년 조사에서도 남세균이 고농도로 검출됐다. 환경운동연합, 낙동강네트워크, 대한하천학회 등은 2022년 8월 25일 서울 종로구 환경연합 사무실에서 기자회견을 열고 낙동강 일대 남세균 녹조 실태의 조사 결과를 발표했다.[9]

환경운동연합 등이 2021년 8월 24일에 연 기자회견에서 낙동강과 금강의 녹조 발생과 독소 검출 실태를 김종술 씨가 발표하고 있다.

낙동강에서 취수장에 발생한 녹조 ⓒ 정수근

270여 가지 마이크로시스틴의 합계인 총 마이크로시스틴 기준으로 상수원수를 취수하는 해평취수장 취수구 부근에서는 245ppb, 농업용수를 취수하는 도동양수장 취수구에서는 3,922ppb, 낙동강 하구 선착장에서는 1,434ppb가 검출됐다는 것이다. 경남 양산의 논 두 곳에서는 각각 126ppb와 5,079ppb가 검출됐다.

또 다른 남세균 독소인 실린드로스퍼몹신의 경우 달성보 선착장에서 0.41ppb가 검출된 것을 비롯해 7곳에서 검출됐다. 남세균 독소인 아나톡신은 유일하게 낙동강 상류 영주댐 선착장에서 3.945ppb가 검출됐다.

임희자 위원장은 "다대포해수욕장에서는 발암물질이자 간 독성과 생식 독성을 나타내는 마이크로시스틴이 10ppb 이상 검출됐고, 청소년들이 친수활동을 하는 낙동강 레포츠 밸리에서도 388ppb나 검출됐다"라며 "미국 환경청의 물놀이 기준인 8ppb와 비교했을 때 매우 위험한 상황"이라고 지적했다.

이들 단체는 특히 8월 12일 폐쇄 중이던 다대포해수욕장 바닷물을 분석했는데, 알츠하이머병과 파킨슨병, 루게릭병 등을 유발하는 것으로 알려진 BMAA가 1.116ppb 검출됐다고 밝혔다. 국내 환경 시료에서 BMAA가 검출된 것은 당시가 처음이었다.

자주 발견되는 마이크로시스틴에다 국립환경과학원이 낙동강에서 검출한 열대성 남세균의 독소, 여기에 BMAA까지 더하면 남세균 독소의 위협은 점점 더 커지고 있음을 실감하게 된다.

4.
정부 조사에서도 독소 검출됐다

2021년부터 남세균 독소 논란이 본격화했지만, 훨씬 그 전부터 국내 강과 호수에서 남세균 독소는 검출됐다. 환경단체에서 조사·발표한 것보다는 훨씬 낮은 농도이지만, 국립환경과학원의 조사에서도 남세균 독소는 검출됐다.

국립환경과학원이 2022년 6월 공개한 「하천 호소 유형에 따른 조류발생 특성연구(Ⅳ)- 고위험성 유해남조류 유전학적 다양성 규명 및 분포 조사」 보고서를 통해 2021년 한강 등 4대강에서는 널리 알려진 남세균 독소인 마이크로시스틴 외에 아나톡신과 실린드로스퍼몹신이 검출됐다고 밝혔다.[10, 11] 국립환경과학원 물환경평가연구과 연구팀은 2021년 5~9월 4대강의 9개 지점에서 모두 10차례 조사를 진행했다. 채집한 물 시료에서 남세균의 유전자를 분석하고, 남세균 독소 5종을 분석했다. 노듈라린(nodularin)

은 고성능 액체 크로마토그래피법으로, 나머지는 항원-항체 반응을 활용한 효소결합 면역흡착 분석법(ELISA)으로 분석했다. 분석 결과, 독소 5종 가운데 노듈라린과 삭시톡신 두 가지 독소는 한 차례도 검출되지 않았다. 한강에서는 마이크로시스틴이 검출되지 않았고, 아나톡신은 불검출에서부터 L당 최대 0.2µg(8월 2일 강상 지점)까지 검출됐다. 실린드로스퍼몹신 독소는 0~0.071µg/L(최고치는 6월 28일 원주 지점) 범위로 검출됐다.

보고서는 "한강에서는 마이크로시스틴, 노듈라린, 삭시톡신은 검출되지 않았고, 아나톡신은 간헐적으로 매우 낮은 농도가 검출됐다"라며 "유해 남세균의 출현량이 전반적으로 매우 낮아 독성엔 문제가 없을 것으로 판단된다"라고 평가했다. 낙동강에서는 마이크로시스틴 독소가 최대 6.06µg/L까지(8월 2일 물금지점), 아나톡신은 0.28µg/L까지(7월 19일 상주1, 8월 2일 성주 지점), 실린드로스퍼몹신은 0.156µg/L까지(6월 28일 상주1 지점) 검출됐다. 연구팀은 보고서에서 "낙동강은 상류보다 중류와 하류에서 총 조류와 유해 남세균 밀도가 높았다"라며 "유해 남세균은 하류로 갈수록 발생 강도가 높게 관찰됐다"라고 설명했다. 특히 낙동강에서는 여름철에 한정해 하류로 갈수록 조류 독소 문제가 우려된다고 밝혔다.

금강에서는 마이크로시스틴이 5.61µg/L까지(8월 2일 부여2 지점), 아나톡신은 0.19µg/L(6월 21일 부여2 지점), 실린드로스퍼몹신은 0.126µg/L까지(9월 6일 현도 지점) 검출됐다. 금강에서는 아나톡신이 간헐적이고 낮은 농도였지만, 유의미하게 검출되었다. 또 여름철 금강 하류에서 마이크로시스티스속(Microcystis)의 남세균이 매우 높게 출현하고, 마이크로시스틴 농도도 높아 조류 독소 발생이 우려되는 상태다.

연구팀은 보고서에서 "아나톡신은 영산강 상·하류 모두에서 검출됐지만, 마이크로시스틴은 하류에서만 검출되는 특성을 보였다"라고 설명했다. 연구팀은 "한강을 제외하고 모든 수계 내에서 마이크로시스틴이 가장 빈번하고 높은 농도로 검출되었고, 아나톡신은 낮은 농도가 간헐적으로 관찰됐다"라고 설명했다.

이런 가운데 국립환경과학원 낙동강물환경연구소는 2022년 4월 국제 학술지 『독소(Toxins)』에 발표한 논문에서 "2020년 3~11월 낙동강 8개 보 수질을 분석한 결과, 열대성 유해 남세균 독소가 미량 검출됐다"라고 밝혔다.[12, 13] 연구팀은 2019년부터 남세균의 독소 생성 유전자에 대한 표지(primer)를 만들고, 드롭렛 디지털 중합효소 연쇄반응(ddPCR)을 활용해 낙동강에서 열대성 유해 남세균 서식 여부를 확인하는 작업을 진행했다. 연구팀은 또 항원-항체 반응을 활용한 효소결합 면역흡착 분석법으로 남세균 독소인 아나톡신-a와 삭시톡신을 분석했다. 분석 결과, 아나톡신-a는 2020년 6월에 낙동강 낙단보와 구미보에서 L당 0.154~0.284ng 범위로 검출됐다.

삭시톡신은 4~5월에 칠곡보, 강정고령보, 달성보, 창녕함안보에서 검출됐는데, L당 0.023~0.045ng 수준이었다. 함께 분석한 실린드로스퍼몹신은 어느 지점에서도 검출되지 않았다. 국내에서는 관리 기준이 없으나 국립환경과학원 보고서에 따르면, 해외에서는 아나톡신-a에 대해 L당 3~20μg 미만으로, 삭시톡신은 0.2~3μg/L 미만, 실린드로스퍼몹신은 0.1~15μg/L 미만 등으로 권고 기준을 정해 관리하고 있다. 낙동강에서 검출된 남세균 아나톡신-a나 삭시톡신 독소 농도는 해외 권고 기준보다는 아주 낮은 편이다.

아나톡신-a를 섭취했을 때는 구토, 복통, 설사를 일으키고 호흡곤란을 겪을 수도 있다. 야생 동물이 아나톡신-a에 노출돼 폐사한 사례도 보고되고 있다. 삭시톡신은 강력한 신경독인데, 마비성 패류 독소로도 불린다. 독소를 생성하는 조류가 조개를 오염시키고 이를 사람이 먹으면 구토와 두통, 마비 등의 중독 증상을 보인다.

한편, 국립환경과학원의 조사 결과와 환경운동연합이 조사·발표 결과가 큰 차이를 보이는 것과 관련해, 전문가들은 시료 채취 방법 때문일 수 있다고 설명한다.

남세균의 경우 수층에 골고루 분포하는 것이 아니라 바람 등에 밀려 강변 쪽에 밀집할 수 있다는 것이다. 남세균은 하루 주기로 수층에서 상하로 오르내리기도 해서 같은 지점이라도 하루 중 어느 시간대에 채집하느냐에 따라 남세균 농도에 차이가 난다. 독소는 대부분 남세균 세포에 붙어 있기 때문에 시료 채취 장소와 시간에 따라 독소 농도 역시 차이가 날 수 있다는 것이다. 강변에서 채집하는 것과 배나 고무보트를 타고 강 한가운데에서 시료를 채집하는 경우 결과에서 차이가 날 수밖에 없는 셈이다. 환경단체는 어떤 면에서는 남세균 세포가 몰리거나 뭉쳐져 있는 곳을 골라 채집했을 수도 있고, 환경부 국립환경과학원에서는 남세균의 존재와 무관하게 정해진 장소에서 채집해온 탓일 수도 있다.

국립환경과학원 측정치에서도 상수원 구간인 낙동강 칠서 지점의 경우 2016~2021년 사이 최고치가 1.4ppb였는데, 2022

녹조의 번성, 남세균 탓인가 사람 잘못인가

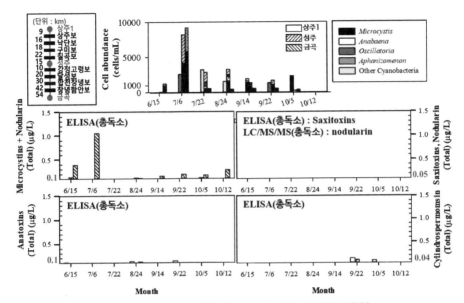

2020년 국립환경과학원의 낙동강 남세균 독소 조사 결과(자료: 국립환경과학원)

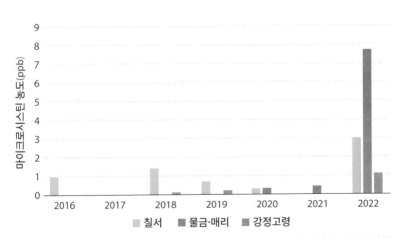

낙동강 지점의 연도별 마이크로시스틴 최고 농도. 2022년 측정(시범측정)에서는 과거보다 상수원 취수구에 가까운 곳(취수구 상류 500m 지점)에서 채수해 측정했다(자료: 환경부).

년 8월 11일에는 3ppb로 크게 뛰었다. 낙동강 물금-매리 지점도 2021년까지 최고치가 0.4ppb였는데, 취수구 상류 500m 지점에서 시범 측정한 2022년 7월 25일에는 3.5ppb, 8월 8일에는 7.7ppb로 크게 치솟았다. 낙동강 강정고령 지점 역시 2021년까지는 최고치가 0.2ppb였는데, 취수구 상류 500m 지점에서 시범 측정을 한 2022년에는 6월 30일에는 1.1ppb까지 기록했다. 이처럼 시료 채취 지점을 바꾼 결과, 국립환경과학원이 2022년에 측정한 마이크로시스틴 수치는 그 전보다 훨씬 높았다.

환경부는 시료 채취 후 독소 분석 결과가 나올 때까지 2~3일이 걸린다는 점과 강물의 유속을 고려해 정수장 취수구에서 훨씬 상류에서 시료를 채취하고 있다. 분석한 시료와 실제 취수되는 물의 수질이 다를 수도 있다는 점에서 논란이 되고 있다. 같은 채취 지점이라도 시료 채취 방법에 따라 달라진다. 2022년 시범 측정에서 낙동강 매리 지점의 경우 수심 0.5m 표층 시료에서는 7월 25일 41.9ppb, 8월 8일 31.4ppb의 마이크로시스틴이 검출됐다. 여러 층의 시료를 섞은 혼합 시료의 경우 7월 25일에는 19.5ppb로 표층보다 낮았지만, 8월 8일에는 47.3ppb로 오히려 표층보다 높았다. 낙동강 고령지점의 경우 2022년 7월 25일 표층만 측정했을 때는 2.6ppb, 여러 층의 시료를 혼합한 경우는 1.6ppb였다.

결국 환경단체뿐만 아니라 정부 연구기관의 분석에서도 남세균 독소는 검출된다. 다만 시료 채취 장소나 방법에 따라 측정된 녹조 독소의 농도가 크게 달라질 수 있다는 점은 고려해야 할 사항이다.

녹조의 번성, 남세균 탓인가 사람 잘못인가

5.
남세균 독소로 오염된 농산물

2022년 2월 8일 환경운동연합은 서울 종로구 사무실에서 기자회견을 열고 놀라운 사실을 발표했다. 바로 낙동강과 금강의 물로 재배한 쌀과 배추에서 남세균 독소가 검출됐다는 내용이다. 2021년 11월 금강 하류 부근 정미소에서 수집한 쌀(현미 10kg)과 낙동강 중류 인근 밭에서 수확한 무(5kg), 낙동강 하류 밭에서 수확한 배추(15kg)를 분석했는데, 남세균 독소인 마이크로시스틴이 검출됐다는 것이다.[14] 부경대 이승준 교수에게 의뢰해 분석한 결과, 쌀 1kg에서는 1.3μg, 무에서는 1.85μg, 배추에서는 1.1μg의 총 마이크로시스틴이 검출됐다는 게 환경운동연합의 설명이다.

환경운동연합은 검출된 양과 대한민국 성인의 곡류·채소류 하루 평균 섭취량 자료(한국보건산업진흥원의 2019년 국민 영양통계 자료)를 활용해 쌀, 무, 배추 취식에 따른 마이크로시스틴의 하루 섭취량을 추산했다.

이에 따르면 체중 60kg 성인은 마이크로시스틴을 하루 0.685 μg/kg(쌀 0.39μg+무·배추 0.295μg)씩 섭취하는 것으로 계산됐다. 이 수치를 미국 캘리포니아주 환경보호국 환경건강위험평가소 (OEHHA)의 간 경변 위험 권고 기준(하루 섭취량 체중 1kg당 0.384μg 이하)과 비교하면, 기준의 1.8배에 해당했다. OEHHA의 생식 독성 관련 권고 기준(0.108μg/kg·일)과 비교하면, 6.3배에 해당한다. 또 프랑스 식품환경노동위생안전청(ANSES)의 생식 독성 관련 권고 기준(0.06μg/kg·일)과 비교하면, 11.4배다.

환경운동연합은 당시 기자회견에서 "낙동강과 금강 주변 노지에서 재배한 작물을 분석한 결과, 4대강 등 이른바 '녹조라테'로 뒤덮인 강물로 재배한 강 주변 농작물이 안전하지 않을 수 있다는 것을 보여준다"라고 지적했다.

환경운동연합은 2022년 3월 22일에도 기자회견을 열고 낙동강 인근 쌀에서도 남세균 독소가 검출됐다고 밝혔다.[15] 2021년 12월 낙동강 하류 지역에서 노지 재배한 쌀 시료 2개(각 10kg)를 농민으로부터 구매해 이승준 교수가 효소결합 면역흡착 분석법(ELISA)으로 분석했는데, 쌀 1kg당 각각 3.18μg, 2.53μg의 마이크로시스틴이 검출됐다고 주장했다.

이 같은 쌀을 하루 300g 섭취한다고 했을 때 하루 섭취량으로 따지면, 시료 1의 경우 0.954μg, 시료 2는 0.759μg에 해당한다는 것이다. 체중 60kg 성인을 기준으로 하면 OEHHA에서 정한 간 병변 기준치가 하루 0.384μg인데, 당시 조사 결과는 OEHHA 간 경변 기준치의 2~2.48배에 해당한다. 또 OEHHA 생식 독성 기준에 따른 60kg 성인의 하루 섭취 허용량이 0.108µg인데, 이 수치의 7~8.8배에 해당한다. ANSES의 생식 독성 기준 0.06µg(체중 60kg 성인)과 비교하면 12.7~15.9배에 해당하고, 세계보건기구(WHO) 간 손상 기준인 2.4µg(체중 60kg 성인)과 비교하면 기준치의 32~40% 수준이었다.

환경운동연합은 1년 뒤인 2023년 3월 13일에도 다시 농작물에서 남세균 독소가 검출됐다고 발표했다.[16] 당시 조사에서는 2022년 9~11월 낙동강 중·하류 권역에서 확보한 쌀 시료 20개와 영산강 하류 지역에서 확보한 3개 시료 등 총 23개 시료의 분석을 이승준 교수에게 의뢰했다. 이 교수팀은 국내 외에서 전통적으로 사용하는 액체 크로마토그래피 텐덤 질량분석법(LC-MS/MS)으로 마이크로시스틴(MC) 3가지(MC-LR, MC-YR, MC-RR)를 분석했다. 또 2차로 ELISA 키트로 총 마이크로시스틴도 분석했다. 270여 종에 이르는 마이크로시스틴을 한꺼번에 측정하는 방법이다.

분석 결과, LC 방법에서는 마이크로시스틴 1종(MC-RR)만 3개 시료에서 검출됐는데, 쌀 1kg당 1.19~1.69µg, 즉 1.19~1.69ppb 농도로 검출됐다. 이들 3개 시료를 포함해 ELISA 방법에서는 모두 7개 시료에서 마이크로시스틴이 검출됐는데, 0.51~1.91µg/kg 범위였다. LC 방법에서는 검출되지 않고 ELISA 방법에서만 검출된 4개 시료의 경우 마이크로시스틴 농도는 0.51~0.84µg/kg이었다.

특히, 경북 고령군의 쌀에서는 LC 방법에 의한 MC-RR이 1.69µg/kg, ELISA 방법에 의한 총 마이크로시스틴이 1.92µg/kg 검출됐다. 경남 양산시에서 구매한 쌀(현미)에서는 MC-RR이 1.19µ

녹조가 발생한 강에서 물을 끌어온 농수로. 짙은 녹조가 보인다. ⓒ 환경운동연합

녹조의 번성, 남세균 탓인가 사람 잘못인가

g/kg, 총 마이크로시스틴은 1.37㎍/kg이 검출됐다. 영산강 수계인 전남 영암군 지점의 쌀에서는 MC-RR이 1.24㎍/kg, 총 마이크로시스틴은 1.57㎍/kg이었다.

국내 쌀 소비량을 고려하면 고령군 지점의 쌀을 체중 60kg의 성인이 계속 먹을 경우 하루 0.299㎍씩 섭취하게 된다. 이는 가장 엄격한 기준인 ANSES의 하루 섭취 허용량 기준, 즉 체중 60kg 성인의 하루 섭취 허용량인 0.06㎍의 4.983배에 해당한다. 정자 수와 질의 감소, 비정상 정자 증가 등이 우려되는 수준이다. 다만, WHO의 간 독성에 대한 하루 섭취 허용량 기준(체중 60kg의 경우 2.4㎍)과 비교하면, 허용량의 12.4% 수준이다.

하지만 정부의 분석 결과는 완전히 달랐다. 2023년 1월 19일 식품의약품안전처는 전국에서 유통되는 쌀(70건), 무(30건), 배추(30건) 등 총 130개 시료에 대해 마이크로시스틴을 검사한 결과, 모두 불검출이었다고 밝혔다. 식약처는 LC 방법으로 마이크로시스틴 6종을 분석했다.

식약처는 전국에 산재한 유통업체로부터 시료를 구매한 것으로 파악돼 녹조 독소 축적이 우려되는 지점의 시료가 포함됐는지 파악하기 어려웠다. 녹조와 접촉한 농산물에서는 다양하게 독소가 검출되는 상황에서 의도적으로 녹조와 무관한 곳에서 시료를 구해 분석한 것은 아닌가, 의심이 든다는 주장도 제기됐다.[17, 18]

정부가 국민 건강을 지키기 위해서는 농산물이 녹조 독소로 오염됐는지 여부를 제대로 파악하려는 노력과 보다 적극적인 조사 노력이 필요하다는 지적도 나오고 있다.

6.
벼에 축적되는 남세균 독소

国내에서는 남세균 독소가 벼 등 농산물에 축적되는 것에 대해 회의적인 반응을 보이는 전문가도 없지 않지만, 해외 연구에서는 남세균 독소가 농산물에 축적되는 사례는 수없이 많다. 대표적인 사례가 스리랑카 스리자예와르데나푸라대학 연구팀의 연구 결과다.

이 연구팀은 2019년 7월 국제 저널 『독소(Toxins)』에 남세균의 일종인 마이크로시스티스(*Microcystis aeruginosa*) 녹조가 발생한 호수에서 떠온 물에 벼를 노출하는 실험을 진행한 결과, 마이크로시스틴 독소가 쌀에 다량 축적됐다는 연구 결과를 담은 논문을 발표했다.[19, 20]

이 연구팀은 마이크로시스틴이 간 독성을 일으키고, 신장과 남성 생식기관 등에도 손상을 줄 수 있는 것으로 보고된 적이 있다고 소개했다. 또 피부염과 천식, 위장염, 알레르기 등과 유사한 질병이나 증상을 유발할 수 있다고 설명했다.

스리랑카 연구팀은 녹조가 심하게 발생한 스리랑카 베이라에서 녹조 덩어리가 포함된 물을 떠 와 실험실 내에서 수경재배하는 벼에 넣어주는 방식으로 실험을 진행했다. 4개월 동안 벼를 재배하면서 벼 한 포기당 하루에 330mL씩 녹조 물 시료를 공급했다. 녹조 물 시료에는 마이크로시스틴의 일종인 마이크로시스틴-LR이 L당 3,197μg이 들어있었다. 연구에 사용된 벼는 잡종인 BG358과 토종인 수완델(Suwandel) 두 품종이었다. 연구팀은 볍씨에서부터 벼를 4개월 재배한 뒤 쌀을 수확했고, 쌀알에서 마이크로시스틴-LR을 추출해 분석했다. 분석 결과, BG358 품종에서는 kg당 567.52μg이, 수완델 품종에서는 429.83μg/kg이 검출됐다. 이를 통해 BG358 품종 쌀을 섭취하는 스리랑카 사람들이 노출되는 마이크로시스틴-LR의 양은 체중 1kg당 하루 2.84μg으로 평가됐다. 토종 수완델을 통한 노출량은 체중 1kg당 하루 0.22μg으로 계산됐다.

이 같은 수치는 전국 평균적인 소비량에서 두 품종이 차지하는 비중이 다르다는 점을 고려한 것일 뿐, 수완델 품종을 BG358과 같은 양만큼 섭취한다면 BG358일 때의 75.7%에 해당하는 양의 독소에 노출된다. 연구팀은 스리랑카에서 체중 60kg인 성인이 하루 소비하는 BG358 품종 쌀은 평균 300g(생 중량 기준), 토종인 수완델은 평균 30g이라는 수치를 적용했다. 세계보건기구(WHO)에서 권장하는 마이크로시스틴-LR의 하루 섭취 허용량이 체중 1kg당 0.04μg인 것과 비교하면, BG358 섭취에 따른 잠재적인 인체 노출은 TDI의 71배나 됐다. 소비량이 적은 수완델 품종의 경우도 TDI의 5.5배나 됐다.

연구팀은 실제 논에서도 독소 축적을 조사했다. 호수에서 관개한 논물에는 마이크로시스틴-LR이 $180\mu g/L$가 들어있었다. 수확 후 쌀에서 마이크로시스틴-LR을 추출한 결과, BG358 품종에서는 kg당 $20.97\mu g$이, 수완델 품종에서는 $18.19\mu g/kg$이 검출됐다. 논에서 키운 BG358 쌀 섭취를 통해 스리랑카 사람들이 노출되는 마이크로시스틴-LR의 양은 체중 1kg당 하루 $0.1\mu g$으로 평가됐다. 소비량이 적은 토종 수완델을 통한 노출량은 체중 1kg당 하루 $0.009\mu g$으로 계산됐다. 논에서 기른 BG358 품종 쌀을 섭취할 경우 WHO에서 제시한 TDI의 2.5배에 해당한다. 수완델은 TDI를 밑돌았지만, 수완델을 BG358과 같은 양만큼 섭취한다면 BG358의 86.7%에 해당하는 독소를 섭취하는 셈이다.

연구팀은 "녹조 독소로 오염된 물을 관개해서 재배한 작물의 소비를 통해 마이크로시스틴-LR에 노출될 수 있다"라며 "녹조 독소인 마이크로시스틴-LR이 스리랑카 북부지역, 주요 농업지역에서 만연하고 있는 원인 불명의 만성 신장 질환의 원인일 수도 있다"라고 지적했다. 연구팀은 "어린이의 경우 하루 섭취 허용량 미만의 마이크로시스틴-LR에 노출돼도 위험할 수 있는 만큼 작물에 공급하는 농업용수 수질은 음용수 수질 기준에 가깝게 유지돼야 사람 건강에 대한 위험을 줄일 수 있다"라고 강조했다.

국내에서도 낙동강 등지에서는 여름철 녹조가 심하게 발생하고 있고, 녹조 독소가 검출되고 있는 상황에서 우려의 목소리도 나오고 있다. 녹조가 발생한 강물을 퍼 올려 논에 대고, 거기서 자

녹조의 번성, 남세균 탓인가 사람 잘못인가

녹조가 발생한 강에서 물을 끌어온 논에도 녹조가 가득하다. ⓒ 환경운동연합

란 벼에 남세균 녹조 독소가 축적될 수 있다는 것이다.

마이크로시스틴 분석 전문가인 부경대학교 식품영양학과 이승준 교수는 "스리랑카 연구팀의 실험은 물속의 녹조 독소가 쌀에 축적되는 것을 보여주는 것으로 남조류 녹조와 식품 오염 사이의 중요한 연결고리를 제공한 것"이라며 "국내에서도 이런 실험을 진행할 필요가 있음을 보여준다"라고 말했다.

녹조의 번성, 남세균 탓인가 사람 잘못인가

7.
매운탕 끓이면 독소 없어질까?

$$\sim\!\!\sim\!\!\sim$$

　2022년 여름 낙동강에서는 녹조가 심했다. 이곳에서 잡힌 민물고기에서도 높은 농도의 남세균 독소가 검출됐다. 대구MBC는 2022년 10월 13일 부산MBC와 공동으로 제작한 프로그램 「빅벙커」를 통해 낙동강에서 잡은 민물고기 체내의 남세균 녹조 독소를 분석한 결과를 공개했다. 8월에 낙동강에서 잡혀 인근 매운탕집에 납품되는 빠가사리(동자개)와 메기의 살코기에서 남세균 독소 검출됐다는 것이다.[21] 분석은 부경대학교 식품영양학과 식품미생물 연구실과 경북대학교 응용생명과학부 분자미생물학 연구실에서 효소결합 면역흡착 분석법(ELISA)과 액체 크로마토그래피 텐덤 질량분석법(LC-MS/MS)을 사용해 진행했다.

　분석 결과, 빠가사리 살에서는 ELISA 방법으로 측정한 총 마이크로시스틴이 kg당 20.23μg(1μg=100만분의 1g) 검출됐다. LC-

MS/MS 방법으로 측정한 값(마이크로시스틴 6종을 더한 값)은 17.8μ g/kg(ppb)였다. 발암물질로 알려진 마이크로시스틴은 대표적인 남세균 독소로 간 독성과 생식 독성을 나타내며, 미세한 구조 차이로 종류가 270여 종에 이를 정도로 다양하다. 마이크로시스틴은 100℃에서 끓여도 파괴되지 않는다.

빠가사리에서는 마이크로시스틴 외에 다른 남세균 독소인 아나톡신도 3.84ppb가 검출됐다. 메기에서는 4.21~5.26ppb의 총 마이크로시스틴이, 붕어 즙에서는 L당 1.1ppb의 마이크로시스틴이 검출됐다.

간 독성과 관련한 세계보건기구(WHO)의 하루 섭취 허용량(TDI, 체중 1kg당 0.04μg)을 체중 60kg 성인에 적용하면, 하루 2.4μg인데, 빠가사리 한 마리만 먹어도 이 허용량의 8.4배가 된다. 메기 한 마리를 먹어도 2배가 넘는다. 물론 한두 번 먹었다고 문제가 되는 것은 아니고, 평생 이 정도 독소를 계속 먹는다면 문제가 된다는 의미다.

간 독성과 관련해 미국 캘리포니아 환경보호국 환경건강위험평가소(OEHHA)에서 정한 마이크로시스틴의 하루 섭취 허용량(0.0064μg/kg)을 체중 60kg 성인에 적용하면 0.384μg인데, 빠가사리 한 마리만 먹어도 이 기준의 50배, 메기 한 마리를 먹으면 허용량의 10배나 된다.

또 프랑스 식품환경노동위생안전청(ANSES)에서는 정자 감소 등 생식 독성과 관련해 훨씬 엄격한 기준(하루 섭취 허용량 0.001 μg/kg)을 정했는데, 체중 60kg의 성인의 경우 하루 섭취 허용량이 0.06μg이다. 빠가사리 1마리는 337배, 메기는 88배나 된다.

녹조의 번성, 남세균 탓인가 사람 잘못인가

또 마이크로시스틴 농도가 1.1ppb인 붕어 즙 100mL를 마실 경우 ANSES가 정한 하루 섭취량 허용량의 1.8배나 된다.

이에 앞서 2022년 6월에 발간된 『한국하천호수학회지』에는 「국내 4대강 보에서 채집된 어류 조직에서 마이크로시스틴 농도 분석 및 위해도 평가」라는 논문이 실렸다. 충북대학교와 국립환경과학원, 강원도보건환경연구원 연구팀이 발표한 이 논문에서는 한강과 낙동강 등지에서 잡힌 물고기 215마리 중 3마리의 간에서 마이크로시스틴이 0.222~9.808ppb가 검출됐다고 밝혔다.[22]

연구팀은 논문에서 "일반적으로 물고기의 간을 잘 먹지 않는다는 점을 고려할 때, 독소가 검출된 어류로 인해 일반 국민이 독소를 섭취할 수 있는 최대치가 체중 1kg당 0.00161μg"이라고 설명했다. 이는 WHO의 하루 섭취 허용량의 4% 수준이고, 어패류를 먹는 사람(체중 1kg당 하루 최대 0.00195μg 섭취)은 이 허용량의

민물매운탕 ⓒ 크라우드픽

4.9%에 불과하다는 것이다. 또 OEHHA의 하루 섭취 허용량의 25~30%에 해당하고, ANSES의 생식 독성 기준보다는 많다.

국립환경과학원 등 연구팀도 논문에서 "물속 마이크로시스틴 농도가 높거나 유해 남세균 밀도가 높을 경우, 해당 지역에 서식하는 어류의 체내에 마이크로시스틴 농도가 높을 가능성이 있다"라며 "다른 시기 또는 장소에 서식하는 어류 체내에 포함된 마이크로시스틴 농도에 대해서는 확신할 수 없다"라고 덧붙였다. 국내 서식 어류의 섭취로 인한 남세균 독소 위해성을 검토하기 위해서는 보다 다양한 시기와 지점에서 채집된 어류에 대한 정밀 분석이 수행되어야 한다는 것이다.

연구팀은 특히 "마이크로시스틴에 의한 피해를 최소화하기 위해 국내 조류경보제 운영 시 어류에 포함된 마이크로시스틴의 농도와 섭취량을 분석하고, 어류 섭취로 인한 마이크로시스틴의 위해도를 최소화하기 위한 관리 기준의 설정이 요구된다"라고 강조했다.

그동안 일부 전문가들은 녹조가 발생한 지역에서 물고기를 먹을 때 내장을 제거하고 먹으라고 충고하기도 했지만, 환경부는 시민들에게 특별히 당부하지는 않았다. 다만 환경부에서 운영하는 조류경보제의 단계별 조치에서는 관련 내용이 포함돼 있기는 하다. 관심 단계에서는 별다른 내용이 없고, '경계' 단계에서는 유역·지방 환경청장이나 시장·도지사가 어패류 어획과 식용 자제를 권고하게 된다. 또 녹조가 극심한 '조류 대발생' 단계에서는 어패류 어획과 식용을 금지한다. 하지만, 조류 대발생 시기에만 물고기를 먹지 않는다고 해결되지는 않는다. 물고기 체내에 들어간 남세균 독소는 오래가기 때문이다.

2017년 미국 오하이오주립대학 연구팀은 『오대호 연구 저널(Journal of Great Lakes Research)』에 발표한 논문에서 "마이크로시스틴은 냉동 남세균 조직에서 분해되지 않는 점을 고려하면 녹조 계절에만 적용하는 완화된 섭취 허용량보다는 계절과 상관없이 일정한 섭취 허용량을 적용하는 것이 적절할 것"이라고 밝혔다.[23]

연구팀은 "녹조가 발생하는 계절에 특별히 섭취 허용량 10배로 완화할 수도 있지만, 낚시꾼은 잡은 물고기를 얼려서 일년 내내 소비할 수 있고, 식당이나 시장에서도 냉동했던 생선을 판매할 수 있어 완화하는 것이 바람직하지는 않다"라고 지적했다.

8.
갯벌 조개까지 오염시키는 독소

～～～～

    강물에 사는 물고기뿐만 아니라 바다 조개에서도 남세균 녹조 독소가 검출되기도 한다. 금강 하굿둑 바깥 갯벌에 서식하는 동죽과 굴 등에서 마이크로시스틴이 검출된 사례도 있다. 해마다 여름철이면 금강 하굿둑 안쪽 호수에서 남세균 녹조가 심하게 발생하는데, 이때 생성된 남세균 독소가 하굿둑 바깥 바다까지 오염시킨 것이다.

    충남대학교 해양환경과학과 홍성진 교수와 한양대학교 연구팀은 2019~2021년에 국제 저널에 발표한 금강 하굿둑 녹조 독소와 관련된 논문 3편에서 금강 하굿둑 내부는 물론 하굿둑 바깥 갯벌 생물에서 독소가 지속해서 검출됐던 사실을 보고했다. 3편의 논문은 2019년 10월 『국제 환경(Environmental International)』 저널에, 2020년 11월 『종합 환경 과학(Science of the Total

Environment)』에, 2021년 9월에는 『환경오염(Environmental pollution)』에 각각 실렸다.[24, 25, 26, 27]

논문에 따르면, 2017년 7~8월 하굿둑 내부 호수의 마이크로시스틴 농도는 L당 0.4~75μg이었고, 여름철 하굿둑을 거쳐 바다로 방류된 마이크로시스틴의 양은 모두 4.4톤으로 계산됐다. 또 2018년 5~10월 사이 바다로 방류된 담수에서 남세균 세포에 붙은 마이크로시스틴은 L당 0.05~235μg, 물에 녹은 마이크로시스틴은 L당 0.02~3.8μg이 검출됐다. 이에 따라 총 2.2톤의 마이크로시스틴이 바다로 방류된 것으로 추산됐다.

이는 남세균 세포 하나에 1.12pg(피코그램, 1pg=1조분의 1g), 엽록소a 1μg당 0.76μg의 마이크로시스틴이 들어있다는 통계분석 결과를 바탕으로 계산한 것이다. 2019년 8~9월에도 조사가 이뤄졌는데, 9월 6일 하굿둑 내부에서는 남세균 세포에 붙은 마이크로시스틴이 L당 최대 120μg 검출됐다.

해외에서도 담수 녹조 독소가 바다로 유출되는 사례가 적지 않다. 일본 규슈의 간척지 이사하야만(灣)의 인공호수에서 바다로 배출하는 마이크로시스틴이 연간 64.5kg인 점을 고려하면, 금강 하굿둑에서 바다로 배출되는 마이크로시스틴의 양은 이사하야만의 최소 수십 배에 이른다. 연구팀도 2019년 논문에서 "금강 하구의 하구댐을 통해 배출되는 마이크로시스틴의 양이 상대적으로 많은 것으로 보여 마이크로시스틴이 하구 및 연안 생태계에 미치는 영향이 우려된다"라고 지적했다.

이처럼 다량의 남세균 마이크로시스틴이 바다로 배출되면서 하굿둑 바깥 해양 생태계에서도 뚜렷한 흔적이 나타났다. 2018년 조사 당시 하굿둑 바깥 바닷물에서는 남세균 세포에 붙은 마이크로시스틴이 L당 0.01~2.68μg(평균 0.41μg)이, 퇴적물에서는 g당 0.02~0.68μg(평균 0.19μg)이 검출됐다. 2019년 조사 당시 하굿둑 바깥 바닷물에서 남세균 세포에 붙은 마이크로시스틴이 L당 2.4μg 이상 검출됐다.

바다로 나간 마이크로시스틴은 갯벌 생물 몸에서도 검출됐다. 2017년 조사 때 생물체 내 마이크로시스틴 농도는 건조중량 1g당 40~868ng까지 다양했다. 특히 탕·국물에 많이 사용되는 조개인 동죽의 경우 g당 최대 868ng(마이크로시스틴 중에서도 독성이 가장 강한 마이크로시스틴-LR는 420ng/g)이 검출됐다.

2018년 조사 때 조개류에서는 g당 0.68~1.9μg(평균 1.2μg), 게에서는 0.4~7μg(평균 3.8μg)이 검출됐다. 논문에서는 "여러 마이크로시스틴 중에서도 갯벌 생물에서는 마이크로시스틴-LR 농도가 가장 높았다"라고 지적했다. 금강 하굿둑에서는 마이크로시스틴-LR가 30% 이상 차지했다. 2019년 조사 당시 굴에서 검출된 마이크로스틴은 건조중량 1g당 0.36~7.9μg이었다.

연구팀은 2019년 논문에서 "고밀도 남세균의 독성물질이 방류를 통해 해양 환경으로 유입되면 갯벌 생물에게 영향을 미칠 가능성이 있다"라고 서술했다. 문제는 사람에게도 영향을 줄 수 있다는 점이다. 전문가들은 "마이크로시스틴은 상당히 안정된 물질이라서 300℃ 이상에서도 잘 분해되지 않는다"라고 지적한다.

세계보건기구(WHO)에서는 체중 1kg당 마이크로시스틴을 하루에 0.04μg 이상 섭취하지 않도록 권고하고 있다. 체중 60kg 성인이라면 2.4μg 이상 섭취하지 않아야 하는 셈이다. 프랑스 식품

금강 하굿둑 밖으로 흘러 나가는 남세균 녹조 ⓒ 김종술

환경노동위생안전청(ANSES)에서는 생식 독성 기준으로 체중 1kg 당 하루 0.001μg, 체중 60kg 성인의 경우 0.06μg 이상 섭취하지 않도록 정하고 있다.

2021년 8월 『워터 리서치(Water Research)』에 실린 프랑스 연구팀 논문에서는 프랑스 연안에서 채집한 진주담치(*Mytilus edulis*, 홍합) 생중량 1g에서 평균 1μg 수준의 마이크로시스틴이 검출됐다고 보고했다. 프랑스 연구팀은 이런 진주담치를 섭취할 경우 WHO나 ANSES 기준에 의한 하루 섭취 허용량(TDI)을 초과할 수 있고, 이를 정기적으로 섭취할 경우 잠재적인 위험이 될 수 있다고 경고했다.[28]

금강 하구 갯벌에서 2017년 채집한 동죽이나 2019년 채집한 굴의 경우도 이런 기준을 초과할 수 있으며, 독소에 오염된 어패류를 지속해서 섭취할 경우 간 독성으로 인해 문제가 나타날 가능성도 없지 않다. 다만 홍성진 교수는 "동죽과 굴은 먹기 전에 해감하기도 해서 실제 섭취할 때는 마이크로시스틴이 줄어들 수도 있고, 물이나 쌀과 달리 어패류는 매일 섭취하는 것이 아니란 차이도 있다"라고 설명했다. 홍 교수는 또 "어패류 속의 마이크로시스틴은 몸 밖으로 배출될 수도 있고, 몸속에서 분해될 수도 있어 계절에 따라 차이가 있을 수도 있다"라고 말했다.

한두 차례 조사로 오염 실태를 정확히 파악하기는 어렵다. 어패류 남세균 독소에 대한 체계적인 모니터링이 이뤄져야 하고, 그 결과에 따라서는 채취를 금지하거나 먹지 않도록 하는 등의 안전 조치가 필요할 수도 있다.

9.
대구 수돗물에서 독소 검출됐나?

낙동강 수계에서는 남세균 독소 오염이 큰 문제로 떠올랐다. 낙동강에서 해마다 짙은 남세균 녹조가 발생한다는 것은 이미 널리 알려진 사실이고, 강물에서 남세균 독소가 검출되는 것까지도 자명한 사실이다. 그런데 2022년 여름 대구를 비롯한 영남지역에서는 수돗물에서도 미량이나마 남세균 독소가 검출됐다는 주장이 나오기에 이르렀다.

부경대학교 이승준 교수팀은 2021년 여름부터 낙동강 시료에서 효소결합 면역흡착 분석법(ELISA)으로 녹조 남세균의 독소를 측정했다. 2022년 여름 대구 수돗물에서 남세균 독소를 검출한 것도 이 교수팀이다.[29]

환경부와 국립환경과학원은 강물에서 남세균 독소가 검출된다는 사실은 인정하지만 수돗물에서 검출된다는 사실은 전혀 인정하지 않았다. 기존에 해오던 액체 크로마토그래피 텐덤 질량분석법(LC-MS/MS)이나 자신들이 처음 시도한 ELISA 방법에서는 전혀 검출이 안 된다는 것이다.[30]

시민들로서는 낙동강의 녹조 상황이 심각한 상황에서 수돗물에서도 남세균 독소가 검출됐다는 주장을 흘려들을 수는 없었다. 남세균 녹조와 독소 문제와 관련해 외국에서 쏟아져 나오는 논문을 소개하는 기사들을 보면서 아무 문제가 없다는 환경부의 주장과 안이한 태도를 수긍하기 어려웠다.

ELISA는 270종이 넘는 마이크로시스틴 전체를 측정하는 '총 마이크로시스틴 농도'를 제시하는 데 비해 국립환경과학원에서 측정하는 LC-MS/MS 방법은 마이크로시스틴 가운데 6종만 측정한다. 환경과학원에서는 ELISA 방법은 부정확하며, 미국에서도 사전에 스크리닝하는 용도로만 사용한다고 폄훼했다.

하지만 국립환경과학원은 과거에 이 ELISA로 남세균 녹조 독소를 측정하는 방법을 개발하기 위해 강원대학교 교수팀에게 연구비를 지원한 적도 있고, 10년 전에는 관련 학회에서 ELISA 방법이 독소 측정에 편리한 방법이라고 칭찬하기도 했다. 국립환경과학원 내에서 강물을 측정하는 부서와 수돗물을 측정하는 부서가 다르다고 이제 와서 전혀 다른 얘기를 하는 것이다.[31, 32, 33]

국립환경과학원에서는 검출한계가 0.1ppb인 키트를 사용하면서 정량한계를 0.3ppb로 잡았다. 정량한계를 0.3ppb로 삼은 것은 특별한 이유는 없고 통상 그렇게 한다는 것이다. 검출할 수 있는 최저값보다 3배 정도는 돼야 그때부터 값을 믿을 수 있다는 주장이다. 그러면서 이승준 교수팀이 대구시 수돗물에서

0.226~0.281ppb 수준으로 검출한 수치가 정량한계 아래이기 때문에 무의미하다고 주장한다.

하지만 이 교수는 검출한계가 0.016ppb인 ELISA 키트를 사용했다. 국립환경과학원 주장대로라면 이 교수팀 방법의 정량한계는 0.048ppb이고 그 3배가 넘는 0.2ppb 이상은 당연히 의미가 있는 수치다. 더욱이 미국 일부 주에서는 ELISA 방법만 측정한다든지, 0.3ppb 이하의 수치도 보고와 관리를 한다는 사실에 대해서는 환경부가 해명하지 못하고 있다.[34, 35, 36]

대구시 정수장에서 측정한 원수, 수돗물도 아닌 강물의 독소 농도가 왜 항상 '불검출' 아니면 '0.1ppb' 두 가지뿐인지 그 이유도 환경부는 해명하지 못했다. 녹조가 발생한 강물에서 몇 년 동안 측정한 독소 수치가 항상 두 가지 수치뿐이라는 것 자체가 믿기 어렵다.

사실 수돗물의 마이크로시스틴 농도가 0.3ppb 이하라면 문제 없는 것처럼 보인다. 세계보건기구(WHO)에서는 마이크로시스틴의 먹는 물 권고 기준으로 1ppb를 제시하고 있다. 미국 환경보호국(EPA)에서는 학령기 아동과 성인의 경우에 대해서는 1.6ppb의 기준을 정했다. EPA는 대신 유아 및 취학 전 아동의 경우에도 마이크로시스틴 수치가 0.3ppb이 넘는 물을 10일 이상 마시지 않도록 하는 기준을 정해놓았다. 이것만 보면 0.3ppb가 넘지 않으면 별 문제가 아닌 것 같다.

하지만 환경부나 국립환경과학원에서 0.3ppb를 밑도는 이승준 교수의 측정치조차 인정하지 않으려는 데는 두 가지 이유가 있는 것처럼 보인다. 우선 대구 수돗물에서 검출된 양이 EPA의 유아 및 취학 전 아동에 대한 권고 기준에 육박한다는 점이다. EPA 건강권고치의 경우 3개월 미만의 영아에 대해서는 0.2ppb로 계산됐는데, 편의상 6세까지 0.3ppb로 한 것이어서, 0.2ppb가 넘는다는 사실을 인정하게 되면 시민들의 우려를 해소할 수 없기 때문이다.

다른 하나는 미국 캘리포니아주 환경보호국 환경건강위험평가소(OEHHA)는 주민들에게 '공지하는 기준'을 제시하고 있는데, 수돗물에서 3ppb 이상 검출될 경우 24시간 이상 마시지 않도록 하고 있다. OEHHA는 그러면서 0.03ppb 이상의 마이크로시스틴이 들어있을 경우 3개월 이상 마시지 않도록 하고 있다. 남성 정자 수의 감소로 이어질 수 있다는 것이다. 만일 대구시 수돗물에서 검출된 수준으로 3개월 내내 마신다면 남성의 경우 생식 능력에 문제가 생길 수도 있다는 얘기가 된다.[37]

일부에서는 "OEHHA 기준치가 있지만, 일부 편향된 자료를 바탕으로 만든 잘못된 기준이어서 사용하지도 않는다"라고 한다. 하지만 캘리포니아 당국에서 이 기준을 제시하고 있음을 인터넷 검색으로 쉽게 찾을 수 있는데, 그 이유는 뭘까. 캘리포니아 당국에서 그 기준을 폐기하지 않았다는 얘기고, 폐기하지 않았다면 여전히 참고하고 판단할 근거가 된다는 얘기다.

미국 버몬트주에서 수돗물이든 상수원수든 총 마이크로시스틴이 0.16ppb 이상 검출되면 즉각 시민들에게 알리고 취수를 중단하고 있다는 사실, 미국 미네소타주에서는 아예 수돗물의 마이크로시스틴 권고 기준을 0.1ppb로 정하고 있는 사실을 환경부는 외면하고 있다.

녹조의 번성, 남세균 탓인가 사람 잘못인가

2022년 7월 26일 대구 문산취수장 앞 낙동강 짙은 녹조가 발생했다. 녹조 원인 생물인 남세균이 덩어리를 이루고 있다. ⓒ 대구환경운동연합

미국에서 수돗물 마이크로시스틴 검출 흐름도. ELISA 방법을 먼저 사용하고, 농도가 0.3ppb 보다 높으면 LC-MS/MS 방법으로 추가 분석하고, 이보다 낮으면 그 검출 결과를 보고하고 또 다른 독소를 추가로 검사하도록 하고 있다(자료: 미국 환경보호국).

환경부는 상수원수에 남세균 독소가 있더라도 고도 정수처리를 하면 99.98%를 제거할 수 있다고 말한다. 하지만 이 수치는 실제 국내 정수장에서 측정한 수치가 아니라 WHO 등에서 이론적으로 제시한 수치일 뿐이다. 그리고 이 수치도 입상활성탄 처리 등 여러 조건이 최적인 상태에서 가능한 수치다. 다른 오염물질이 많다든지, 수돗물 생산량이 많다든지 하면 제거율은 언제든지 떨어질 수 있다. 환경부도 2022년 9월 마련한 「국가수도기본계획」에서 낙동강 수계 활성탄 교체 주기를 3년에서 1년으로 단축하겠다고 밝혔다.

녹조가 심하게 발생하는 원수 수질 여건을 고려하면 3년마다 교체하는 지금의 상황이 적절하지 않다는 의미다.

환경부는 2023년 6월 발표한 '녹조 대책'에서 수돗물의 마이크로시스틴 기준을 개선하겠다고 밝힌 것은 그나마 다행이다. 마이크로시스틴 중에서 마이크로시스틴-LR 한 가지만 측정하던 것을 6종을 측정해 합산하는 방식으로 바꿨다. 표시한계도 기존 0.1ppb에서 0.05ppb로 낮췄다. 이에 따라 기존에는 0.07ppb가 검출됐을 때 '불검출'로 표시했으나, 앞으로는 기준치 0.3ppb에는 미달하지만 0.05ppb 이상이면 일단 '검출'된 것으로 간주하겠다는 것이다.

한편, 남세균 녹조 독소가 정수장에서 염소 소독제와 만나면 소독 부산물이 되는데, 원래 독소보다 독성이 강해질 수도 있다. 이 경우 독소 자체만 측정해서는 확인이 불가능하다.

10.
불임을 유발하는 남세균 생식 독소

남세균 독소가 사람의 건강에 위협이 된다는 사실은 오래전부터 알려졌는데, 남세균 독소가 정자의 숫자나 운동성을 낮추는 등 정자의 질을 떨어뜨려 불임을 유발하는 생식 독성을 갖고 있다는 사실도 속속 보고되고 있다.

중국 난징대학과 홍콩 폴리텍대학 연구팀은 사람의 정액에서 남세균 독소 농도를 분석한 내용의 논문을 2021년 12월 『환경 보건 전망(Environmental Health Perspectives)』에 발표했다. 사람 정액에서 남세균 독소 농도를 분석한 것은 이 연구가 처음이었다.[38, 39]

연구팀은 2020년 6월부터 2021년 1월 사이에 난징 의과대학 부속 구러우 병원의 불임 치료센터를 찾은 남성 2,588명 가운데 1,715명의 협조를 얻어 정액 시료를 채취했다. 연구팀은 이들의 건강 상태를 체크하고, 정액 시료에서 남세균 독소인 마이크로시스틴 농도를 측정했다. 형태나 운동성 등 정자의 이상 여부도 분석했다. 분석 결과, 정액의 양은 평균 3.5mL(1.8~6.0mL 범위, 중간값은 3.2mL)였고, 정자의 농도는 mL당 평균 6,750만 마리(940만~1억 6,020만 마리 범위, 중간값은 5,660만 마리)였다. 총 정자 숫자는 평균 2억 2,520만 마리(2,810만~15억 4,860만 마리 범위, 중간값은 1억 8,370만 마리)였다.

연구팀은 효소결합 면역흡착 분석법(ELISA)으로 정액 속의 총 마이크로시스틴 농도를 측정했는데, L당으로 환산한 평균 농도는 0.16μg, 즉 0.16ppb였다. 분포 범위는 검출한계 미만에서부터 최고 0.28ppb까지 검출됐는데, 중간값 역시 평균값과 같은 0.16ppb였다.

연구팀은 논문에서 남세균 독소인 마이크로시스틴 농도와 총 정자 수 사이에 음의 상관관계가 나타났다고 밝혔다. 독소 농도가 높을수록 정자의 운동성이 떨어진다는 것이다. 정자의 머리가 비정상적인 형태를 보인 비율은 독소 농도와 비례하는 것으로 분석됐다. 연구팀은 "이러한 결과는 마이크로시스틴이 정자의 활력과 형태를 손상하는 독소일 수 있다는 가설을 뒷받침한다"라며 "마이크로시스틴이 비정상 정자의 비율을 증가시키고 정자 운동성을 감소시킨다는 이전의 동물 연구의 결과와도 일치한다"라고 설명했다.

중국 안후이 의과대학과 난창대학 연구팀은 2022년 10월 국제 저널인 『종합 환경 과학(Science of Total Environment)』 온라인판에 발표한 논문에서 제브라피시를 남세균 독소의 일종인 마이크로시스틴-LR에 노출한 실험 결과를 제시했다.[40, 41] 실험을 통해 연구팀은 우선 마이크로시스틴에 노출된 부모 세대 수컷의 생식기가 손상된 것을 확인했다. 또 부모 세대 수컷이 마이크로시스틴에 노출된 경우 자식과 손자 세대에서 부화율과 심장 박동수, 체중 등의 감소가 확인됐다. 어린 물고기의 헤엄치는 속도도 대조군에 비해 느렸다.

연구팀은 "부계 혈통이 마이크로시스틴에 노출되면 해당 개체뿐만 아니라 자식, 손자 세대의 뇌 기능에도 영향이 나타났다"라고 지적했다. 이번 실험은 남세균 독소에 지속해서 노출한 물고기를 대상으로 한 실험이지만, 사람도 남세균 독소에 계속해서 노출된다면 영향받을 가능성을 보여주는 것이다.

한편, 남세균 독소는 사람 몸에서 아미노산 대사를 방해한다는 연구 결과도 발표되고 있다. 중국 과학원의 담수 생태·생명공학 국가 핵심연구소와 캐나다 서스캐처원대학 독성학센터 연구팀은 2022년 5월 『환경 과학 기술(Environmental Science and Technology)』 국제 저널에 남세균 독소가 인체에 미치는 영향에 관한 논문을 발표했다.[42, 43] 연구팀은 "녹조 발생 호수 주변 주민의 혈청에서 남세균 독소인 마이크로시스틴이 검출됐고, 이것이 인체의 아미노산 대사의 심각한 장애를 일으키고 신장을 손상할 위험이 있는 것으로 나타났다"라고 밝혔다.

연구팀은 호수 북쪽 녹조 발생 위험 지역 인근에 있는 종먀오 지역에 5년 이상 거주한 성인 남녀 144명의 혈액과 소변을 채취해 혈청 속의 남세균 독소와 아미노산 등을 분석했다. 호숫물과 수돗물의 독소 농도도 조사했다. 분석 결과, 호숫물에서는 마이크로시스틴-LR로 환산한 총 마이크로시스틴 농도가 L당

0.14~0.74μg으로 측정됐다. 평균값은 0.34μg/L, 즉 0.34ppb였다. 수돗물에서는 0.06~0.12ppb(평균 0.09ppb)가 검출됐다. 일단 호숫물과 수돗물에서는 WHO가 제안한 안전한 임계값인 1ppb보다 낮았다. 사람의 혈청 시료 144개 중 92개 시료(검출률 63.9%)에서 검출 한계치(0.001ppb) 이상의 마이크로시스틴이 검출됐다. 최대치는 0.31ppb, 중앙값은 0.016ppb였다. 혈청에서 마이크로시스틴이 검출된 사람은 혈청과 소변의 효소, 단백질, 아미노산 등 생화학 분석 결과에서 신장 손상의 징후가 나타났다. 마이크로시스틴이 검출된 사람은 아미노산 13종과 젖산 농도가 더 높았고, 포도당이나 콜론 등은 농도가 낮았다. 마이크로시스틴은 체내 단백질 분해를 촉진, 아미노산 농도를 높이는 것으로 알려졌다.

연구팀은 "이번 분자 역학 연구는 남세균 녹조가 발생한 차오

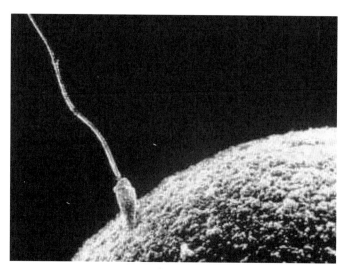

난자와 만난 정자 ⓒ wikimedia

녹조의 번성, 남세균 탓인가 사람 잘못인가

호 인근 주민들처럼 소량의 마이크로시스틴에 만성적으로 노출될 경우 아미노산 대사에 현저한 장애와 신장 손상의 실질적인 위험이 있음을 보여줬고, 이는 동물 실험을 통해서도 확인됐다"라고 밝혔다.

연구팀은 "이번 실험에서 WHO가 제시한 하루 섭취 허용량(TDI, 체중 60kg 성인의 경우 2.4μg)보다 적은 양이라도 마이크로시스틴에 장기간 노출될 경우 신장에 상당한 손상을 줄 수 있는 만큼 현재 WHO에서 권고한 TDI에 의문을 제기하게 된다"라며 "지역 주민의 하루 섭취량이 WHO의 TDI보다 훨씬 낮아야 한다"라고 강조했다. 사람의 건강을 효과적으로 보호하기 위해서는 WHO의 TDI 값을 내려서 강화해야 한다는 것이다.

11.
유해물질 만나 더 독해지는 남세균

녹조를 일으키는 남세균 중에는 독소를 생성하는 종류가 많다. 그런데 같은 독소를 생성하는 종류라도 환경이나 조건에 따라 독소를 더 많이 생성하기도 한다. 상황에 따라 더 독해진다는 얘기다. 특히, 남세균이 치사량보다는 낮은 농도의 유해물질에 노출되면 마이크로시스틴 독소를 더 많이 배출한다는 연구 결과도 있다. 물론 항생제, 중금속 등 유해물질 농도가 치사량보다 높으면 남세균이 죽기 때문에 결과적으로 마이크로시스틴 농도도 낮아진다.

중국 난징 정보과학기술대학과 미국 매사추세츠대학, 독일, 스페인, 브라질 등 국제연구팀은 2022년 8월 『환경 과학 기술(Environmental Science and Technology)』 저널에 조류의 '호르메시스(hormesis)' 반응과 관련된 기존 논문 39편을 종합 정리한 리뷰 논문을 게재했다.[44, 45]

일반적으로 생물체는 유해물질의 농도에 따라 다른 반응을 나타낸다. 높은 농도에서 생물체에 해로운 영향을 주는 유해물질이라도 낮은 농도에서는 오히려 생물체의 성장을 촉진하는 등 긍정적인 효과를 보이기도 하는데, 이를 호르메시스라고 한다. 호르메시스는 질소, 인, 철분 등이 조류의 성장을 촉진하는 것과는 전혀 다른 개념이다. 질소와 인 등은 유해물질이 아닌 영양물질이다. 연구팀은 치사량보다 낮은 저농도의 유해물질이 조류, 특히 마이크로시스티스나 아나베나 같은 남세균의 성장을 촉진하는 호르메시스 반응을 끌어낸다고 밝혔다. 유해물질 농도가 최대 무독성(NOAEL) 수준보다 낮으면, 즉 독성을 나타내지 않는 낮은 수준이면 생물체는 유해물질이나 다른 환경 스트레스에 대해 내성을 키우고 방어 능력을 향상하게 된다는 것이다.

호르메시스 반응을 촉발하는 유해물질로는 세균을 공격하는 항생제가 대표적이고, 이외에도 비소와 중금속, 환경호르몬, 난연제, 할로겐 유기화합물, 과산화수소, 나노물질, 다환방향족탄화수소(PAHs), 희토류, 살충제, 소독제에 이르기까지 다양하다. 이러한 유해물질 여러 종이 혼합돼 있을 때는 호르메시스 반응을 더 강화하고, 녹조 발생 등의 위험을 부추긴다.

특히, 조류를 제거하기 위해 살포하는 일부 조류 제거제에도 호르메시스 반응이 나타난다. 조류 제거제 농도가 낮으면 오히려 조류 번식을 촉진할 수도 있다. 그렇다고 조류 제거제를 과다하게 투여하면 강과 호수 생태계를 파괴하는 부작용을 낳을 수 있다. 연구팀은 저농도 유해물질이 조류의 성장을 촉진할 뿐만 아니라 남세균의 경우 독소인 마이크로시스틴 생성을 촉진하고, 세포 밖으로 마이크로시스틴을 배출하는 양도 늘어날 수 있다고 지적했다. 물론 유해물질이 치사량에 이르면 남세균의 세포가 줄어들면서 세포 밖의 마이크로시스틴 농도도 점차 줄어든다. 또 매우 높은 농도의 유해물질에 갑작스럽게 노출되면 남세균 세포가 파괴되면서 세포 밖으로 마이크로시스틴이 대량 방출되는 상황이 벌어질 수도 있다.

노출되는 유해물질에 따라 남세균이 생성하는 마이크로시스틴의 종류가 달라질 수도 있다. 270여 종에 이르는 마이크로시스틴 중에서 독성이 더 강한 종류를 더 많이 생성할 수도 있다는 것이다. 마이크로시스틴 생성을 증가시키는 항생제의 농도는 0.1~2,000ppb 범위였는데, 그중에서도 대부분 0.6ppb 이하의 농도에서 나타났다.

이러한 호르메시스의 정확한 메커니즘은 알려지지 않았지만, 다양한 유전자가 간여하는 것으로 추정하고 있다. 마이크로시스틴 생산의 경우에도 낮은 농도의 유해물질이 마이크로시스틴 합성 효소뿐만 아니라 세포 전체의 질소 성분을 조절하는 유전자, 단백질 합성 효소, 세포 내 에너지 대사, 마이크로시스틴 방출 효소 등 다양한 구성 요소의 활동을 '촉진'하는 것으로 파악되고 있다.

연구팀은 또 "독성 임계값보다 낮은 오염물질 농도에서 조류의 성장이 촉진되고 독소의 방출이 증가하는 것은 자연계에서 드물지 않다"라며 "유해 조류의 대발생에 대한 유해물질의 영향은 생각했던 것보다 훨씬 폭넓게 나타난다"라고 설명했다. 유해 조류 대발생을 고려한다면, 유해물질 농도가 독성 임계값보다 낮은 경

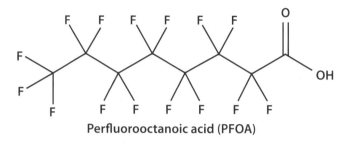

Perfluorooctanoic acid (PFOA)

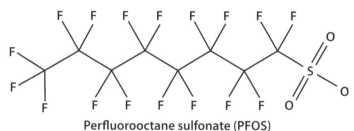

Perfluorooctane sulfonate (PFOS)

두 종류의 과불화화합물

2018년 6월 22일 경북 구미하수처리장에서 방류한 물이 낙동강으로 합류하고 있다. 당시 대구상수도사업본부는 "구미하수처리장 방류수를 수거해 분석한 결과 과불화화합물이 포함된 것으로 나타났다"라며 "과불화헥산술폰산이라는 과불화화합물이 배출된 것은 사실이지만 발암물질은 아니다"라고 설명했다. ⓒ 연합뉴스

우에도 위험 평가 때 포함해야 한다는 것이다.

연구팀은 "수온 상승과 이산화탄소 농도 증가, 비료 사용의 증가로는 세계적으로 녹조 발생이 늘어나는 것을 설명하기 어렵다"라며 "유해 화학물질 배출에 의한 조류 독소 생성 촉진도 정책적으로 고려해야 할 사항"이라고 지적했다.

한편, 녹조가 심각한 낙동강의 경우 중류에 위치한 공업단지에서 다양한 유해물질이 방류되고 있다. 2021년 4월 환경부에 제출된 「낙동강수계 산업단지 미량유해물질 조사 및 인벤토리체계구축」 보고서에 따르면, 산업단지와 공공 폐수처리시설 등 8곳의 방류수를 조사한 결과, 분석한 60여 종의 물질 가운데 19종이 검출됐다.[46, 47] 여기에는 알루미늄, 코발트 등 중금속과 노닐페놀, 헵타데칸 등 유기화합물, 과불옥탄산(PFOA) 등 과불화화합물 등이 포함돼 있다. 녹조 발생과 녹조 독소 생성의 관점에서도 낙동강에 방류되는 유해물질의 양과 농도에 대해 살펴볼 필요가 있는 셈이다.

12.
미세플라스틱이 남세균 독소를 만나면

∽∽∽∽∽

　지름 5mm 이하의 미세플라스틱. 이 미세플라스틱이 물속 유해물질을 흡착하고 농축한다는 사실은 최근 여러 연구에서 밝혀지고 있다. 미세플라스틱이 녹조를 일으키는 남세균의 독소를 흡착하는 것으로 나타났다. 특히, 물벼룩이 이를 먹이로 착각해 삼킬 경우 치사량에 이르는 남세균 독소에 노출될 수도 있다는 연구 결과가 발표됐다.

　영국 로버트거든대학과 독일, 브라질 연구팀은 2021년 11월 국제 저널 『환경 과학 기술(Environmental Science and Technology)』에 게재한 논문에서 "녹조 독소 용액에 미세플라스틱을 담갔을 때 독소가 미세플라스틱에 흡착되는 것을 확인했다"라고 밝혔다.[48, 49]

　연구팀은 "미세플라스틱은 표면 대(對) 부피의 비율이 높기 때문에 독성 화합물의 이동식 저장소 역할을 한다"라고 설명했다.

오염물질이 흡착된 미세플라스틱을 물고기, 동물성 플랑크톤, 갑각류와 같은 수생 생물이 섭취할 경우 먹이사슬에 들어갈 수 있고, 미세플라스틱에 붙어있던 오염물질이 장(腸)에서 떨어져 나와 체내에 축적되면 생물농축이 일어날 수 있다는 것이다. 생물농축(biomagnification)은 먹이사슬을 따라 위로 갈수록 오염물질이 점점 더 많이 체내에 축적되는 것을 말한다.

연구팀은 실험에서 마이크로시스틴-LR과 마이크로시스틴-LF의 농도는 mL당 5㎍이 되도록 하고, 폴리스타이렌(PS), 폴리염화비닐(PVC), 폴리에틸렌(PE), 폴리에틸렌테레프탈레이트(PET) 등 4종류 미세플라스틱은 L당 10g이 되도록 넣었다. 실험에 사용한 미세플라스틱은 크기를 1~5mm, 0.25~0.5mm, 0.09~0.125mm 등 세 가지로 달리했고, 용액의 수소이온 농도(pH)도 2, 5, 7, 9, 11로 달리해 실험했다.

온도를 25℃로 유지한 상태에서 어두운 곳에서 48시간 동안 플라스크를 흔들어 준 결과, pH 7 조건에서 0.09~0.125mm 크기의 폴리스타이렌 미세플라스틱 1g에는 마이크로시스틴-LR이 22.1㎍, 마이크로시스틴-LF는 119.54㎍이 흡착됐다. 폴리스타이렌에 흡착된 마이크로시스틴-LF의 농도는 당초 물속에 넣어준 마이크로시스틴 농도의 거의 40배에 이르는 것으로 확인됐다.

연구팀은 "미세플라스틱 섭취를 통해 생물학적으로 유의미한 수준의 마이크로시스틴이 먹이사슬에 들어갈 수 있음을 보여주는 것"이라며 "먹이사슬에서 영양 단계가 올라갈수록 독소가 축적될 수 있다"라고 강조했다.

남세균 독소가 먹이사슬로 들어가는 경로가 완전히 규명되지

녹조의 번성, 남세균 탓인가 사람 잘못인가

는 않았지만, 미세플라스틱의 종류와 크기, 마이크로시스틴의 종류에 따라서는 미세플라스틱이 마이크로시스틴의 매개체 역할을 충분히 할 수 있다는 것이다.[50]

인체가 남세균 독소와 유해 중금속인 카드뮴(Cd)에 동시에 노출될 경우 한 가지에만 노출됐을 때보다 만성 신장 질환으로 고통을 겪을 가능성이 크다는 연구 결과도 있다. 이들 두 가지 유해물질은 강과 호수에 함께 존재하는 경우가 많은데, 동시에 노출되면 상승작용을 일으켜 더 큰 건강 피해를 줄 수 있다는 것이다.

중국 중난대학 연구팀은 2022년 10월 남세균 독소 가운데 하나인 마이크로시스틴-LR과 카드뮴 노출이 만성 신장 질환에 어떤 영향을 주는지를 조사·분석해 『환경 과학 기술(Environmental Science and Technology)』 국제 저널에 논문으로 발표했다.[51, 52]

연구팀은 중국 중부지역에서 만성 신장 질환에 걸린 환자 135명과 질환이 없는 대조군 135명의 혈액에서 마이크로시스틴-LR과 카드뮴 농도를 측정했다. 분석 결과, 270명 가운데 마이크로시스틴 농도가 최저 사분위수(혈액 속 농도가 낮은 순서로 25%까지)에 해당하는 사람과 최고 사분위수(농도가 높은 순서로 25%)에 해당하는 사람을 비교했을 때, 마이크로시스틴 농도가 높은 경우 신장 질환을 가진 비율이 4.05배나 됐다. 용량-반응 관계, 즉 노출이 많을수록 질환 발생도 높은 관계가 나타난 것이다.

아울러 연구팀은 동물(생쥐) 실험에서도 마이크로시스틴 노출이 신장 손상으로 이어진다는 것을 확인했다. 카드뮴의 경우도 혈중 농도가 가장 높은 사분위수에 해당하는 사람은 가장 낮은 사분위수에 비해 신장 질환 비율이 2.41배에 이르는 것으로 분석됐다.

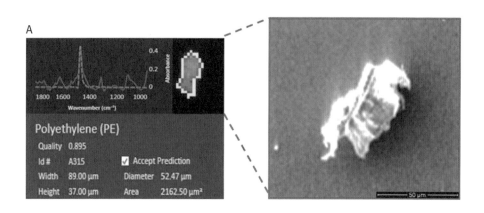

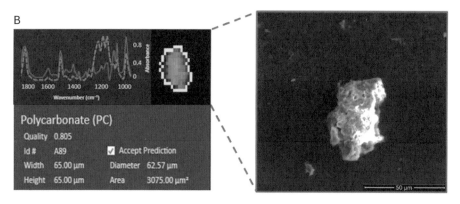

주사 전자현미경(SEM)으로 촬영한 나노플라스틱. (A)폴리에틸렌, (B)폴리카보네이트(자료: Qiu et al., 2023)

녹조의 번성, 남세균 탓인가 사람 잘못인가

역시 용량-반응 사이에 비례 관계가 나타났다.

연구팀은 이와 함께 마이크로시스틴과 카드뮴 사이에 상승작용이 나타나는 것을 확인했다. 두 가지 물질의 상호작용의 결과로 신장 질환 발생은 개별 노출 때의 발생 사례를 합친 것보다 더 많이 발생했다는 것이다. 상호작용이 일어났을 때(동시에 존재할 때)는 상호작용이 없었을 때의 1.81배였다.

연구팀은 논문에서 "기존 연구에 따르면 식수와 수산물 섭취를 통해 마이크로시스틴에 매일 노출되는 것은 신장 손상과 밀접한 관련이 있다"라며 "원인 불명의 만성 신장 질환 발병률이 높은 지역에서는 남세균 독소가 원인 중 하나로 지목되고 있다"라고 지적했다.

국내에서도 녹조가 심한 낙동강의 경우 상류에 위치한 폐광과 제련소 등으로 인해 카드뮴에 동시 노출될 위험도 제기되고 있다. 물과 농산물, 어패류를 통해 남세균 독소와 카드뮴에 동시 노출될 경우 더 큰 건강 피해가 발생할 우려가 있다는 것이다.

5부
녹조 해결 방안

1.
갈수록 잦아지는 조류경보 발령

~~~~~~~~~~

국내외에서는 상수원 등으로 사용하는 강과 호수에서 남세균 녹조로 인해 발생하는 시민들의 건강과 재산 피해를 최소화하기 위해 조류경보제를 운영하고 있다. 녹조를 심각한 정도에 따라 몇 단계로 나누고, 각각의 단계에 맞춰 행동요령과 대응 수준을 정해 놓은 것이다.

국내에서는 1997년 팔당호와 대청호 등 전국 하천과 담수호에서 녹조가 심하게 발생함에 따라 환경부는 1998년 팔당호, 충주호, 대청호, 주암호 등 4개 호수에 대해 조류경보제를 도입했고, 4대강 사업 이후에는 한강과 낙동강에도 조류경보제를 도입하는 등 점차 대상 지역을 넓혀왔다. 2023년 현재 전국 하천과 호수 등 29곳에서 조류경보제가 시행 중이다.[1]

조류경보제가 시행 중인 29곳에는 상수원 외에도 친수활동 보호를 위한 구간도 포함돼 있다.

실제로 한강 하류 서울시 구간에서 이를 적용하고 있다. 서울시는 한강을 4개 구간으로 나누고 9개 지점에서 수질을 측정하는 방식으로 조류경보제를 운영하고 있고, 조류에서 생성되는 지오스민 등 냄새물질 농도에 따라 냄새경보제도 발령한다.

4구간은 강동대교~잠실대교(1구간·4개 지점), 잠실대교~동작대교(2구간·2개 지점), 동작대교~양화대교(3구간·2개 지점), 양화대교~행주대교(4구간·1개 지점) 등이다. 1구간은 상수원에 해당하지만, 2구간~4구간은 친수활동 구간이다.

조류경보제는 엽록소a 농도와 유해 남조류(남세균)[2] 4종의 세포수가 각각 15mg/m^3 이상, 500세포/mL 이상이면 '조류주의보'를 발령한다. 또 25mg/m^3 이상, 5,000세포/mL 이상이면 '조류경보', 100mg/m^3 이상, 100만 세포/mL 이상이면 '조류대발생'에 해당한다.

일부에서는 조류경보제 발령 단계를 더 세분화하고, 대발생 단계 이전이라도 남세균 세포가 1,000세포/mL를 넘으면 조류 제거에 나서는 등 미리 적극적인 조치를 취하자는 주장도 있다.

한편, 조류에서 생성되는 냄새물질인 지오스민과 2-MIB 농도에 따라 '냄새경보제'도 발령한다. 지오스민과 2-MIB가 각각 20ng/L이나 20ng/L이면 '냄새주의보', 500ng/L이나 50ng/L이면 '냄새경보', 1,000ng/L이나 100ng/L이면 '냄새대발생'으로 경보를 단계적으로 발령한다.

낙동강에서는 친수활동 구간에서 녹조가 심하게 발생하기도 하지만, 해평과 강정고령, 칠서, 물금매리 등 상수원 지역에서만 조류경보제를 시행하고, 친수활동 구간에서는 조류경보제를 시행하는 곳은 없다.

2022년에는 전국 29곳에서 총 778일 동안 조류경보가 발령됐다. 관심 단계가 572일, 경계 단계가 206일이었다. 이는 2019년의 492일이나 2020년의 459일, 2021년의 754일보다 늘어난 것이다.[3]

특히 2022년 낙동강 4개 지점의 녹조 지속 기간은 모두 616일이었다. 지점 수로는 전국 29개 조사지점의 14%이지만, 낙동강 4곳의 녹조 지속 기간은 전체(778일)의 79%를 차지했다. 낙동강 4개 지점에서 녹조의 평균 기간은 154일로, 3개 지점에서 모니터링했던 2013년의 평균 61일의 2.5배였다. 낙동강 지점별 녹조 지속 기간을 보면 해평(경북 구미)이 105일, 강정고령(대구)이 126일, 칠서(경남 함안)가 189일, 물금매리(부산)가 196일이었다. 상류에서 하류로 갈수록 녹조 지속 기간이 늘었다.

보고서는 "2022년은 마른장마와 가뭄으로 인해 강우량 감소와 체류시간 증가로 2021년에 비해 유해 남조류(남세균) 세포 수가 증가하고, 조류(녹조) 발령 일수가 길어졌다"면서 "낙동강 수계는 높은 수온·영양염류, 본류 구간에 설치된 8개 보 등으로 인해 조류 발생이 매우 심한 지역이 타 수계보다 많이 존재한다"고 밝혔다.

한편, 환경부는 2023년 6월 녹조 대책에 '조류경보제 개선안'을 담아서 발표했다. 그중에는 한강뿐만 아니라 낙동강과 금강에서도 친수 구간의 수질을 조사하고, 이를 조류경보제에 반영하겠다는 내용이 포함되어 있다. 또 국민들에게 필요한 정보를 제공하고, 관리기관에도 지침을 제공하는 등 친수활동 특성에 맞는 관리

녹조의 번성, 남세균 탓인가 사람 잘못인가

조류경보제 발령기준

경보단계		발령·해제 기준
상수원 구간	관심	2회 연속 채취 시 남조류 세포 수가 1,000 세포/mL 이상 10,000 세포/mL 미만인 경우
	경계	2회 연속 채취 시 남조류 세포 수가 10,000 세포/mL 이상 1,000,000 세포/mL 미만인 경우
	조류 대발생	2회 연속 채취 시 남조류 세포 수가 1,000,000 세포/mL 이상인 경우
	해제	2회 연속 채취 시 남조류 세포 수가 1,000 세포/mL 미만인 경우
친수활동 구간	관심	2회 연속 채취 시 남조류 세포 수가 20,000 세포/mL 이상 100,000 세포/mL 미만인 경우
	경계	2회 연속 채취 시 남조류 세포 수가 100,000 세포/mL 이상인 경우
	해제	2회 연속 채취 시 남조류 세포 수가 20,000 세포/mL 미만인 경우

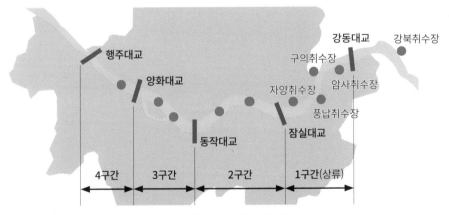

조류경보제 운영구간과 수질확인 지점. 서울시의 자료를 다시 그림

체계도 마련하기로 했다. 정부의 녹조 대책도 점차 시민 건강을 제대로 챙기는 쪽으로 진화하고 있는 셈이다.

2.
녹조 대비는 모니터링부터

남세균은 사람과 동물의 건강에 위험을 초래하는 독소를 생성할 수 있다. 남세균 독소는 다양한 증상을 유발할 수 있고, 심한 경우 간 손상이나 사망에 이르게 할 수도 있다. 녹조 독소는 수돗물을 오염시킬 수 있어 상수원수에 발생한 녹조를 조기에 발견해 대비를 강화할 필요가 있다. 원수에 독소가 존재하면 정수처리를 강화해야 한다. 더욱이 강이나 호수에서 수영, 낚시 등을 할 경우에도 남세균 독소에 노출될 수 있다. 녹조가 발생한 물을 삼킬 수도 있고, 에어로졸을 통해 독소를 흡입할 수도 있기 때문이다.

이처럼 공중 보건을 위해 남세균 녹조를 감시하고 모니터링하는 것이 중요하다. 모니터링은 육안으로 녹조 발생 여부를 관찰하는 방법도 있고, 주기적으로 수질 시료를 채취해 검사를 하는 방법도 있다. 남세균 녹조가 심할 경우에는 조류경보제를 통해 시민들에게 경고하고, 녹조를 제어하기 위한 조치도 취한다.

녹조 모니터링을 위해 가장 중요한 것은 물 시료를 채취해 분석하는 것이다. 일반적으로 강이나 호수, 연못 등에서 정기적으로 시료를 채취한다. 녹조 발생이 우려되는 계절에는 평소보다 시료를 자주 채취하기도 한다.

남세균의 경우는 수층 내에 골고루 분포할 수도 있지만, 바람이나 물결에 따라 가장자리로 몰릴 수 있다. 또 남세균은 기포를 활용해 부력을 조절할 수 있기 때문에, 하루 중 시간대에 따라 남세균이 집중된 수심이 달라질 수 있다. 이 때문에 넓고, 수심이 깊은 강이나 호수에서는 되도록 여러 곳에서 시료를 채취해서 분석해야 남세균 분포를 제대로 파악할 수 있다. 강이나 호수 중심뿐만 아니라 가장자리에서도 시료를 채취할 필요가 있다.

과거 환경부에서는 물 시료 분석에 걸리는 시간과 강물의 유속등을 고려해 정수장 취수구보다 훨씬 상류에서 시료를 채취하고 분석했다. 예를 들어, 분석에 이틀 정도 걸리고, 보에 갇힌 강물이 하루에 1km 이동한다면, 취수구에서 2km 상류의 물을 떠서 분석했다. 분석 결과를 보고 정수장에서 대비할 수 있도록 한다는 취지였다.[4]

일리가 있어 보이지만, 강물의 흐름이 '공장의 컨베이어벨트'처럼 단순한 것이 아니다. 강물 유속이 일정하다는 보장도 없다. 강바닥 지형이나 강폭, 바람 등에 따라 유속은 달라질 수 있다. 또 취수구 쪽으로 남세균이 몰릴 수도 있다. 즉 취수구 앞에서 실제 취수되는 물을 채취해 조사할 필요가 있다는 얘기다. 자동수질 모니터링 장비를 활용해 원수 수질을 지속해서 모니터링하든지,

물벼룩이나 물고기를 이용해 독성 검사를 하는 것이 필요할 수도 있다.

환경부도 이런 부분을 인정했는지 2023년 6월 내놓은 녹조 대책에 이런 문제를 개선하는 방안을 제시했다. 취수구 2~4km 상류에서 취수하던 것을, 취수구 500m 상류에서 취수하는 것으로 시범 실시하겠다는 것이다. 채수 방법도 기존에는 수심 상·중·하에서 각각 채수한 다음 시료를 섞어서 분석했는데, 앞으로는 표층의 양쪽 물가에서도 별도로 채수해서 분석해 조류경보제에 반영하겠다고 밝혔다.

현장에서 시료를 채취할 때는 남세균이나 조류의 성장에 영향을 미칠 수 있는 요인, 혹은 남세균 성장으로 인해 변화된 환경요인을 측정한다. 수온이나 pH, 용존산소(DO), 투명도 등의 항목은 현장에서 시료 채취와 함께 측정한다. 남세균 종류나 숫자를 파악하기 위한 시료는 별도의 병에 담아 현장에서 포르말린 등으로 고정한다.

채취한 시료는 조류 개체군이 성장해 숫자가 달라지지 않도록, 혹은 세포가 파괴되지 않도록 하기 위해 직사광선을 차단한 상태에서, 4°C로 냉장 보관해 가능한 한 빨리 실험실로 운송해야 한다. 실험실에서는 영양염류 농도나 부유물질(SS), 화학적 산소요구량(COD)와 총유기화합물(TOC), 생물학적 산소요구량(BOD) 등도 분석한다. 특히, 남세균이나 조류의 농도를 파악할 수 있는 엽록소a 농도를 측정하는데, 경우에 따라서는 남세균 특유의 광합성 색소도 측정하기도 한다.

현미경으로는 시료에 존재하는 남세균이나 조류의 종을 식별

물 시료 채취 ⓒ USGS

하기도 하고, 남세균 중에서 유해 남세균의 세포 밀도를 측정하는 경우도 있다. 세포 밀도와 세포 크기를 함께 측정하면 생물량 (biomass)을 계산할 수도 있다.

엽록소a 측정에는 흔히 공극 크기가 0.45μm인 여과막 (membrane filter)을 사용한다. 물을 거른 여과막에는 남세균 등 조류가 모이는데, 이 여과막을 아세톤에 넣고 엽록소a를 추출하여, 분광광도계로 농도를 측정한다. 엽록소a 측정치로 생물량을 산출할 수도 있다.

엽록소a 대신에 피코시아닌(phycocyanin)이라고 하는 남세균 특유의 색소를 분석하기도 한다. 피코시아닌은 남세균의 광합성 복합체에서 발견되는 색소이며, 다른 종류의 조류나 수생 식물에는 존재하지 않는다. 피코시아닌 농도를 분석하면, 물 시료에 있는 남세균의 총 생물량을 추정할 수 있다. 피코시아닌 농도는 형광광도계로 측정한다. 피코시아닌 농도는 고성능 액체 크로마토그래피(HPLC) 또는 효소결합 면역흡착 분석법(ELISA)과 같은 방법으로도 측정할 수 있다.

물 시료에 있는 남세균의 종류를 파악하기 위해서는 광학현미경이나 형광현미경 등을 사용한다. 현미경 관찰을 쉽게 하기 위해 물 시료를 염색하는 경우도 있다. 남세균은 다양한 형태로 나타나는데, 세포의 형태적 특징과 더불어 질소고정을 하는 이형세포나 부력을 조절하는 세포 내부의 기포 등을 바탕으로 식별할 수 있다. 현미경으로 남세균 세포 수를 측정하기 위해서는 카운팅 챔버를 사용할 수 있다.

한편, 시민 과학 프로그램으로서 시민들이 직접 녹조 상태를 관찰해 보고하는 방식도 가능하다. 프로그램에 참여하는 시민들이 스마트폰으로 강과 호수의 사진을 찍어 보내면, 담당자가 이를 분석해 녹조의 발생 여부, 발생 범위, 녹조의 강도 등을 파악할 수 있다.

또 소셜 미디어 플랫폼을 활용해 남세균 녹조를 모니터링할 수도 있다. 소셜 미디어 플랫폼에 올라오는 녹조 관련 정보를 검색해, 이를 바탕으로 녹조가 발생한 지점이나 심각도를 분석할 수도 있다.

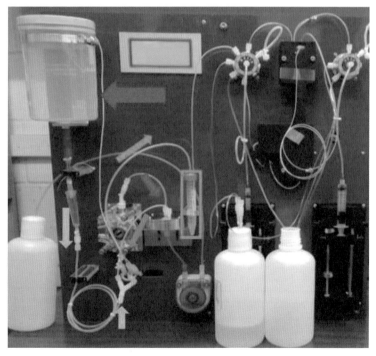

녹조 모니터링을 위한 자동화 남세균 농축 및 회수 시스템(ACCRS) ⓒ micromachines

3.
녹조, 하늘에서 감시한다

~~~~~~~~~~~~

물 시료를 직접 채취해 분석하지 않고 원격 모니터링으로 녹조를 감시하는 방법도 최근에 많은 발전을 보이고 있다. 무인항공기(드론)를 이용하는 방법도 있고, 인공위성을 활용하는 방법도 있다. 무인항공기나 위성을 사용해 원격으로 남세균과 녹조를 모니터링하면, 넓은 지역을 짧은 시간 내에 비용 효율적으로 모니터링할 수 있다.

카메라와 센서가 장착된 무인항공기(UAV)를 사용해서 원격 모니터링을 하는 경우에는 무인항공기가 강이나 호수 위를 날며 카메라로 고해상도 이미지를 촬영한다. 무인항공기는 조종사가 지상에서 수동으로 제어하거나 사전 프로그래밍된 비행경로를 입력하여 자동으로 비행할 수 있다.[5, 6]

촬영된 이미지는 물의 색상과 구성의 변화를 감지할 수 있는

녹조의 번성, 남세균 탓인가 사람 잘못인가

특수 알고리즘을 사용해 처리하게 된다. 이 알고리즘은 남세균이나 다른 조류의 녹조를 식별할 수 있다. 무인항공기에 장착된 센서는 수질과 관련한 데이터를 수집하는데, 데이터는 무선으로 지상으로 전송되거나, 드론에 저장된 것을 추후에 분석할 수도 있다.

한국외국어대학교 연구팀은 낙동강 수계인 경남 창원의 신천에서 2021년 드론으로 남세균 녹조를 조사했고, 그 결과를 담은 논문을 2023년 5월 『헬리온(Heliyon)』이란 저널에 발표했다.[7] 실제 현장에서 측정한 피코시아닌 색소의 농도와 드론에서 촬영한 멀티스펙트럼 센서 영상을 비교했고, 센서 영상으로부터 측정한 값을 강물의 피코시아닌 농도로 환산하는 계산식도 확보했다.

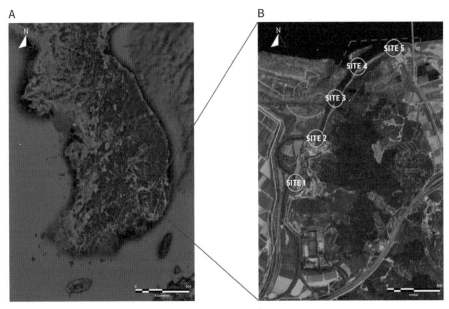

드론으로 남세균 녹조를 모니터링 하는 과정. (A)낙동강 지류인 경남 창원시 신천, (B)신천의 현장 조사지점(자료: Choi et al., 2023)

드론에 감지된 녹조 데이터는 지리정보시스템(GIS)과 같은 매핑(mapping) 도구를 사용해 시각화된다. 각종 데이터는 녹조 발생을 나타내는 수역 지도에 중첩될 수 있고, 녹조 강도와 위치 등을 시간 경과에 따라 표시할 수도 있다.

이렇게 수집된 데이터는 조류경보제 등과 연계할 수 있다. 녹조 발생 사실을 신속하게 파악해서 관계 당국에 상황을 전파하고, 필요한 조치를 실행하는 데 의사 결정을 앞당길 수 있다. 또한, 시민들에게도 위험을 신속하게 알릴 수 있다.

인공위성을 이용하는 경우도 기본적인 원리는 무인항공기를 이용하는 것과 같다. 수역의 이미지를 캡처하고 물의 색상, 투명도 및 온도의 변화를 감지할 수 있고, 이러한 변화를 바탕으로 녹조의 존재를 파악할 수 있다. 특정 알고리즘을 위성 이미지에 적용하면 남세균 녹조를 감지할 수 있다.[8, 9]

위성 이미지는 미항공우주국(NASA)나 유럽우주국(ESA) 등의 공개 소스에서 얻을 수 있다. 보통 가시광선이나 적외선 파장을 감지한 이미지를 바탕으로 녹조를 식별하게 된다. 기계학습 알고리즘을 통해 자동으로 녹조를 감지할 수 있다.

다만, 자료 수집과 처리 등의 절차가 복잡해 측정한 데이터를 실시간으로 활용하기에는 어려움이 있다. 측정과 분석 등에 시간 격차가 있어 녹조 대응 조치와 관련한 의사 결정에는 직접 사용하기 어렵다는 것이다.

최근 위성으로 얻은 녹조 발생 데이터는 암 발생률 등 건강 관련 자료와 연결해 녹조의 건강 영향을 분석하기도 한다.

한편, 과거 측정 데이터를 기반으로 남세균 녹조 발생을 예측

녹조의 번성, 남세균 탓인가 사람 잘못인가

2016년 8월 낙동강 창녕함안보에서 분광센서를 활용해 촬영한 남세균 분포. 색깔은 남세균 특유의 색소인 피코시아닌 농도 분포를 나타낸다. ⓒ 환경부

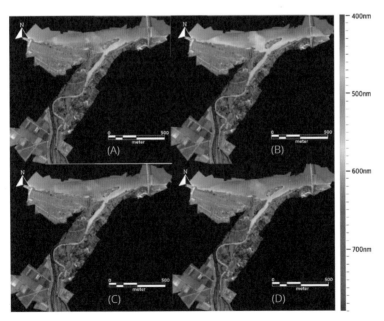

2021년 8월 드론을 통해 촬영한 남세균 녹조의 멀티스펙트럼 카메라 영상. (A)정규화 차이 적색 경계 지수(NDREI), (B)정규화 차이 식생 지수(NDVI), (C)녹색 정규화 차이 식생 지수(GNDVI), (D)파란색 정규화 차이 식생 지수(BNDVI)(자료: Choi et al., 2023)

하는 모델을 개발해 수역에서 남세균 녹조가 발생할 가능성을 예측할 수도 있다. 이 모델은 최근까지의 기상 변화와 수질 변화를 바탕으로 녹조가 발생할 시기와 장소를 예측할 수 있다. 이를 바탕으로 예보제를 시행할 수도 있다.

이처럼 다양한 방법으로 녹조를 모니터링할 수 있는데, 각각의 모니터링 방법을 사용할 수도 있고, 여러 개의 모니터링 기법을 조합해서 적용할 수도 있다.

다양한 방법을 사용해 녹조를 모니터링할수록 훨씬 정확한 상황을 조기에 파악할 수 있고, 이에 따라 녹조로 인한 사람과 동물의 피해를 줄일 수 있다. 지속적인 연구 개발과 투자가 필요한 이유다.

4.
녹조 모니터링,
첨단 기술이 전부는 아니다

∞∞∞∞∞

강이나 호수, 바다에서 식물성 플랑크톤이 많이 자라면 물이 탁해진다. 맑고 투명한 대신에 색깔을 띠게 된다. 이런 원리를 이용해 현장에서 물의 투명도 혹은 탁도를 측정하고, 이를 바탕으로 식물성 플랑크톤, 즉 조류(藻類)가 얼마나 자랐는지를 판정하는 방법이 있다.

바로 세키 원반(Secchi disc)을 사용하는 방법이다. 배 위에서 지름 30cm의 흰색 원반을 물속에 드리우면서, 흰색 원반이 시야에서 사라지는 깊이를 측정한다. 원반을 묶은 줄이나 원반과 붙은 긴 막대에 길이를 표시해두면 원반이 보이는 깊이를 쉽게 알 수 있으며, 이때의 깊이를 세키 수심(Secchi depth)이라고 한다. 줄에 묶어 드리울 때는 원반 아래에 추를 매단다. 호수에서는 30cm 외에 흑색과 백색을 번갈아 4분의 1 면적을 칠한 지름 20cm의 원반을 사용하는 경우가 많다.

이 세키 원반은 1865년 교황청의 천문학자였던 안젤로 세키라는 사람이 고안했다. 그는 교황청 해군사령관 알레산드로 치알디의 초대를 받아 과학 크루즈에 합류했는데, 지중해의 투명도를 연구하면서 세키 원반을 표준화했다.

1850년대 이전에도 선원들이 항해 과정에서 천이나 접시 등을 포함해 다양한 물체를 투명도 측정에 사용했다. 그래서 세키 원반은 '선원들의 만찬 접시(dinner plate)'라는 별명을 갖고 있다.

세키 수심은 투명도에 대해 아주 정밀한 값을 제공하지는 않는다. 태양 빛의 세기나 태양고도, 측정하는 사람의 시력 등에 의해 달라질 수 있기 때문이다. 하지만 현장에서 곧바로 간단하게, 저비용으로 측정할 수 있다는 장점 때문에 지금도 사용된다. 일반 시민이 참여하는 시민 과학에서, 시민이 자원봉사 차원에서 수질을 조사하는 경우 쉽게 이용할 수 있다.

세키 수심은 측정하는 사람 간에 차이가 있을 수 있으므로 방법을 최대한 표준화해야 한다. 세키 원반 측정은 항상 오전 9시에서 오후 3시 사이에 배나 부두의 그늘진 쪽에서 수행해야 한다. 보통 오전 10시부터 오후 2시 사이에 최상의 결과를 얻을 수 있다. 측정할 때는 매번 동일한 방식으로 측정해야 한다. 세키 원반을 내려보내면서 원반이 시야에서 사라진 수심을 기록한다. 다른 방법은 원반이 물속으로 사라진 수심을 먼저 기록하고, 물속으로 사라진 원반을 끌어 올리면서 다시 시야에 나타난 깊이를 기록해서 두 수치의 평균을 내기도 한다.

해외에서는 100년 이상의 세키 수심 측정치가 쌓인 조사지점도 있는데, 과거에 측정한 데이터도 해양의 장기적인 변화를 이해하는 데 도움이 될 수 있는 것으로 나타났다. 인공위성을 이용해 해양의 식물성 플랑크톤을 조사하는 21세기에도 과거에 측정한 세키 수심 데이터를 활용할 수 있다는 것이다.

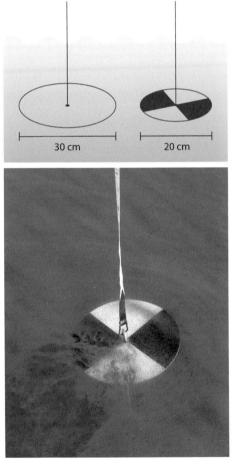

세키 원반 © USGS

어떤 보고서에서는 1950년대부터 조사한 세키 수심 자료를 바탕으로 1950~2008년 사이 바다에서 식물성 플랑크톤이 40% 줄었다고 발표해 논란이 되기도 했지만, 최근 연구 결과에서는 세키 수심 자료의 유용함이 확인됐다.

2023년 『첨단 해양 과학(Frontiers in Marine Science)』이란 저널에 발표한 논문에서 영국의 엑시터대학, 플리머스 해양 연구소, 이탈리아 해양 과학 연구소(ISMAR) 등의 연구팀은 세키 원반 성능을 위성 자료와 고성능 크로마토그래피와 비교했다.[11]

연구팀은 "세키 원반은 간단하고 저렴한 도구이지만 우리 연구에 따르면 매우 효과적이기도 하다"라고 평가했다. 100년 이상 거슬러 올라가는 세키 수심 데이터는 과학자들이 해양의 장기적인 변화를 이해하는 데 도움이 될 수 있다는 것이다.

한편, 환경부는 물속 유기물을 모두 다 측정하는 총유기탄소(TOC) 방법을 2013년 수질조사 항목으로 정식 채택하면서, 대신 전통적으로 사용해온 화학적 산소요구량(COD) 방법은 2016년부터 법정 측정 항목에서 제외됐다. 하지만 TOC는 과거 측정 데이터가 없기 때문에 장기간 수질 변화 추세를 확인하려면 오랫동안 측정해온 COD 값이 필요하다. 특히 4대강 사업 전후의 수질 변화를 비교하려면 COD 값이 필요하다. 연구자들이 여전히 강과 호수에서 COD 값을 측정하는 이유다.[12] TOC가 정확하긴 해도 고가의 장비가 필요한 문제도 있다.

첨단 기술이 전부가 아니라 때로는 정밀하지 않더라도 오랜 역사와 전통을 가진 조사 기법도 필요하다는 얘기다.

5.
펄스 방류로 녹조를 잡을 수 있을까?

〜〜〜〜〜

    4대강 보의 녹조를 해결하기 위해서는 보 수문을 열고 강물이 흐르도록 해야 하지만, 보 수문을 여는 데 거부감을 느끼는 사람도 적지 않다. 그래서 나온 대안이 이른바 '펄스(pulse) 방류'다. 수문을 갑자기 확 열어 물을 한꺼번에 흘려보내고, 다시 수문을 닫는 방식이다. 강의 유량과 유속을 갑자기 높여 녹조를 씻어내자는 것이다.

    과거 미국 콜로라도강의 후버댐에서는 댐 안에 쌓인 퇴적토를 씻어 내리고 강 생태계를 회복하기 위해 물을 한꺼번에 방류하는 실험을 진행하기도 했다. 2012년 11월 24시간 동안 초당 4만 2,000세제곱피트(1,189m³)의 물을 하류로 내보내는 인공 홍수를 만들었다. 평상시 한강 팔당댐에서 내보내는 물의 10배에 해당한다. 이런 인공 홍수를 통해 댐 안에 쌓인 진흙 5억m³를 하류로 보내고 하류에 모래톱이 생기도록 했다.

국내에서도 녹조 피해를 줄이기 위해 4대강 보의 수문을 여는 펄스 방류를 실시한 적이 있다. 펄스 방류는 일시에 많은 물을 내보내 하천 생태와 수질을 개선하는 방법으로 2009년 호주 정부가 고안했다고 한다. 2015년 6월 16일 부산지방국토관리청은 낙동강 중류 강정고령보에서 500만m³의 물을 5시간 동안(오전 11시부터 4시까지) 방류했다. 이에 맞춰 하류의 달성보, 합천창녕보, 창녕함안보 수문도 개방했다. 부산국토청은 이런 식으로 9월 1일까지 모두 6차례 펄스 방류를 시행했다. 남세균 농도가 mL당 세포 수가 1,000개가 넘을 때 진행했다.

하지만 당시 환경단체들은 펄스 방류가 전혀 효과가 없었다고 지적했다. 환경운동연합 측은 5차 방류 시 낙동강 녹조가 더 심해졌다는 자체 현장 조사 결과를 내놓기도 했다. 펄스 방류는 2016년에도 이어졌다. 2016년 8월 16일 한국수자원공사는 낙동강 경북 칠곡보에서 경남 창녕함안보까지 5개 보 수문을 열고 초당 900m³의 물을 흘려보냈다. 이렇게 13시간 동안 총 3,400만m³의 물을 흘려보냈다. 이와 동시에 지류인 황강 상류의 합천댐도 수문을 열고 총 900만m³를 방류했다. 그해 8월 28일에도 창녕함안보 수문을 열고 초당 900m³씩 1시간 동안 총 400만m³의 물을 흘려보냈다.

당시 인제대학교 환경공학과 조경제 교수는 연합뉴스와의 인터뷰에서 "펄스 방류로는 녹조가 8% 줄어드는 효과가 있다는 시뮬레이션 결과가 있다"라며 "이는 오차범위에 드는 것으로 효과가 없는, 보여주기식 대책"이라고 비판했다.[13] 여름철 상하층 물이

녹조의 번성, 남세균 탓인가 사람 잘못인가

섞이지 않는 성층화 현상이 생긴 낙동강에서는 8개 보를 완전히 개방했을 때 추정 유속인 초당 2,000m³ 수준의 수량은 돼야 녹조 감소 효과가 제대로 나타난다는 것이다. 이것도 수문을 닫고 일주일이 지나면 다시 녹조가 생기기 때문에 근본적인 대책이 못 된다는 것이다.

금강에서도 2016년 8월 초 세종·공주·백제보에서 펄스 방류를 진행한 바 있으나, 오히려 녹조가 확산하는 결과로 나타나기도 했다. 한국수자원공사 측에서도 "펄스 방류는 남세균 증식을 억제하는 것이지 완전히 없애는 것이 아니다"라며 "가뭄이나 공업·생활용수 사용 등 고려할 부분이 많아 무작정 많은 양을 방류할 수도 없다"라고 설명했다.

펄스 방류의 대안으로 제시된 것이 진동 흐름(oscillation flow) 또는 진동 방류 방식이다. 환경부 국립환경과학원과 한강홍수통제소 연구팀은 2022년 4월 국제 저널 『워터(Water)』에 발표한 논문에서 "방류량을 늘리지 않고도 진동 흐름을 이용하면 한강(남한강)에서 녹조를 최대 30%까지 줄일 수 있다"라고 밝혔다.[14, 15] 연구팀은 충주댐에서 하류 강천보까지 구간을 대상으로 녹조가 가장 심했던 2019년 8월 상황을 적용해 시뮬레이션을 진행했다. 한강에는 이포보와 여주보, 강천보 등 3개의 보가 설치돼 있고, 강천보가 가장 상류에 있다.

연구팀은 하루 24시간 일정하게 물을 흘려보내는 방식 대신 하루 동안 흘려보낼 수량을 4~8시간 동안에만 집중적으로 흘려보내고, 나머지 시간은 방류하지 않는 진동 흐름을 가정했다.

진동 흐름을 적용하지 않았을 때는 충주댐에서 24시간 내내

2017년 7월 금강 공주보 수문 개방 장면 ⓒ 환경부

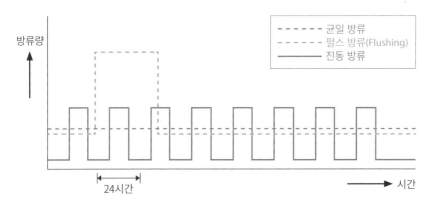

진동 방류(진동 흐름)의 개념(자료: Kim et al., 2022)

녹조의 번성, 남세균 탓인가 사람 잘못인가

초당 38~62.7m³의 물을 흘려보내는 것을 적용했다. 4시간만 방류하는 경우는 초당 방류량이 0~376.4m³, 6시간 방류할 때는 0~250.9m³, 8시간 방류할 때는 0~188.2m³ 범위에서 변화하도록 했다. 균일 방류나 진동 방류 모두 한 달 동안 내보내는 물의 양이 1억 3,140만m³로 같다고 해도 진동 흐름을 적용하면, 24시간 일정하게 방류할 경우보다 월평균 남조류 세포 수는 목계 지점(충북 충주시)에서 25~31%, 강천보 상류인 섬강 합류 지점(경기도 여주시)에서 27~29% 감소하는 것으로 예측됐다.

연구팀은 논문에서 "충주댐 방류 방법을 제외하고는 시뮬레이션의 모든 조건을 일정하게 적용했기 때문에 목계와 섬강 합류 지점의 남조류 세포 수가 줄어들 것으로 예측된 것은 충주댐 방류수 영향인 것으로 판단된다"라고 설명했다.

펄스 방류는 수십만~수백만m³의 물이 추가로 필요한데다 방류 후에는 곧바로 녹조가 재발할 수도 있어 지속적인 진동 방류가 더 낫다고 연구팀은 강조했다.

연구에 참여한 국립환경과학원 김경현 물환경평가연구과장은 "낙동강의 경우 안동댐·임하댐에서 진동 방류하더라도 상주보 정도까지만 효과가 나타날 것으로 예상한다"라고 말했다. 낙동강은 남한강보다 녹조가 훨씬 심하게 발생해 대책이 더 필요하지만, 물이 가득 찬 8개의 보를 거치면서 진동의 파(波)가 약해지기 때문에 효과를 거두기 어렵다는 것이다.

결국 펄스 방류로, 진동 방류로도 녹조 피해를 줄일 수는 있지만 근본 대책은 되지 못하는 셈이다. 강을 자연스럽게 흐르게 하는 수밖에 없다.

6.
녹조 없애려면 수질 개선이 필수

녹조를 예방하기 위해서는 질소와 인 같은 영양물질이 강이나 호수로 들어오지 못하도록 차단하면 좋겠지만, 하수처리장에서도 100% 걸러내기는 어렵다. 논밭에 쌓여 있다가 빗물에 씻겨 흘러 드는 오염물질(이것을 비점오염원이라고 한다)이야 말할 것도 없다. 남세균 중에는 공기 중의 질소를 고정해서 영양분으로 활용하는 종류도 있기 때문에 하수처리장만으로 안심할 수 없다.

1990년대에 강과 호수에서 녹조가 발생한 것은 하수처리장이나 축산폐수처리장, 분뇨처리장 등에서 질소, 인 등을 제대로 걸러내지 못했기 때문이다. 이러한 환경기초시설이 부족하고, 시설이 있더라도 기준치를 초과할 정도로 처리도 제대로 되지 않았다.

한강의 경우 상류에서부터 수도권 시민들의 상수원인 팔당호에 이르기까지 큰 오염원이 없고, 겨울철에도 수량이 풍부한 편이

녹조의 번성, 남세균 탓인가 사람 잘못인가

어서 자연정화가 가능해 수질 측면에서 천혜의 조건을 갖췄다고 할 수 있다. 여기에 팔당호 주변을 수질보전 특별대책지역으로 지정하고, 수도권정비계획법에 따라 자연보전권역을 설정한 것도 한강을 맑게 유지하는 데 큰 역할을 하고 있다.

하지만 낙동강의 경우 강 중류에 있는 대구 등 도시지역을 특별대책지역으로 지정하기는 현실적으로 불가능하고, 하류 농촌지역 역시 특별대책지역이나 자연보전권역으로 지정하기는 어렵다. 결국 낙동강 수질 개선을 위해서는 중류에 위치한 도시의 생활하수, 강 유역의 축산폐수 등 오염 부하를 줄이는 것이 최우선 과제가 될 수밖에 없었다. 환경부도 일찌감치 환경기초시설을 늘리고 비점오염원을 관리하는 쪽으로 방향을 잡았다.[16]

1990년대에 녹조는 인공호수에서 특히 문제가 됐다. 이 때문에 1996년에는 '호소(湖沼)수질 관리법안' 제정도 추진됐다. 수질 악화가 우려되는 호수를 '특별관리 호소'로 지정해 낚시 등 수질오염 행위를 금지하고, 인근에 대규모 축산시설이 들어서지 못하도록 하는 내용이었다. 특히 호수에 설치된 가두리 양식장에 대한 관리가 강화되고, 가두리 양식장의 신규 입지는 일절 금지하는 내용도 들어있었다.[17] 1998년까지만 해도 청평호에는 가두리 양식장이 12개, 소양호에는 6개가 있었다. 이 가두리 양식장은 2000년까지 철거됐다.[18]

호수에서 녹조가 문제가 된 것은 앞에서 살펴본 것처럼 부영양화 탓이다. 1997년 10월 국립환경연구원(현 국립환경과학원)이 전국 62개 호수를 대상으로 조사한 결과를 발표했다. 물속 조류의 분포를 나타내는 지표인 엽록소a 농도가 전체 62개 호수에서 m³당

평균 17.3mg으로 측정됐다는 것이다. 이 수치는 92년 11.5mg/m^3, 94년 14.1mg/m^{3}에서 빠르게 증가한 것이다. 이에 따라 전국 호수의 60%가 중영양에서 부영양 상태로 바뀌었다.[19]

이 때문에 여름철에는 마이크로시스티스 같은 남세균까지 대량 번식하고, 수돗물 정수에 차질을 빚기도 했다. 남세균 녹조는 1996년에는 팔당호, 대청호, 소양호에서 관찰됐고, 1997년에도 팔당호와 대청호, 안동호, 소양호, 영천호, 임하호와 낙동강 하구호 등에서 발생했다. 팔당호와 대청호에서는 7월 이후 3개월 동안 녹조주의보가 발령되기도 했다. 1997년 당시에도 남세균의 독소인 마이크로시스틴에 대한 우려가 제기되기도 했다.

그래서 나온 것이 '수초섬'과 같은 방법이다. 수도권 상수원인 팔당호의 녹조를 예방하기 위해 2000년 5월 인공 수초섬이 설치됐다. 한국환경공단은 팔당호로 유입되는 경안천 수계인 경기도 광주시 퇴촌면 오리에 수초섬을 설치했다. 이 수초섬은 생활오수를 연간 2,000~3,000m^3 처리하는 것과 같은 효과를 냈다.[20] 수생식물이 자라는 수초섬은 부교(뜬다리)를 이용한 것이다. 사각형의 수초섬은 2,690m^2 면적으로 부직포와 폐그물 위에 애기부들, 갈대, 줄, 달뿌리풀 등 수생식물 4종류를 심어 수경재배하는 방식으로, 수초섬 둘레에 부교를 설치하고, 부교 아래에는 부력 장치를 매달아 물 위에 뜨게 했다.

하지만 녹조를 근본적으로 해결하기 위해서는 정공법을 사용할 수밖에 없다. 하수관을 정비하고 하수처리장을 설치하는 등 환경기초시설을 꾸준히 늘리는 수밖에 없다. 비점오염원을 관리하는 것도 필요하다. 환경부는 1991년 낙동강 페놀오염사고 등을 겪으면서 수질 개선에 막대한 투자를 했다. 그 결과 1990년대 후반부터는 환경기초시설이 속속 들어섰고, 수질도 차츰 개선되기 시작했다. 환경부는 녹조를 방지하기 위해 질소·인까지 제거하는 고도하수처리장 건설사업도 추진하기 시작했다.[21]

대표적으로 수도권 상수원인 팔당호에 투자가 집중됐는데, 1998년 4월 환경부는 팔당호 수질을 1급수로 개선하기 위해 2005년까지 1조 405억 원을 투자하겠다고 발표하기도 했다. 이 같은 투자를 통해 하수종말처리장과 축산폐수처리장 등 환경기초시설 106개를 설치하고, 팔당지역 하수처리율을 71%에서 85% 수준으로 끌어올리겠다는 내용이었다. 환경부는 하수처리장 방류수의 질소·인 기준을 단계적으로 강화하기로 했다.[22]

환경부는 질소·인의 방류수 수질 기준을 각각 20ppm과 2ppm으로 강화한 데 이어 2012년부터는 상수원보호구역과 수변구역 등에서는 총인 기준을 4ppm에서 0.2ppm으로 대폭 강화했다. 또 겨울철에는 하수처리장 방류수 기준을 총질소 60ppm, 총인 8ppm으로 상대적으로 느슨하게 운영하던 것도 다른 계절과 마찬가지로 총질소 20ppm, 총인 0.2~0.5ppm으로 동일하게 적용하고 있다. 다만, 1일 처리용량이 50m³ 미만인 소규모 하수처리시설의 경우는 총질소 40ppm, 총인 4ppm이 적용되고 있다.[22]

한편, 이명박 정부는 4대강 사업을 통해 4조 원의 예산을 수질 개선에 투자했고, 이 가운데 5,000억 원을 하수처리장 총인 처리시설에 투입했다.[23] 이 덕분에 4대강의 총인·총질소 농도 자체는 4대강 사업 후 어느 정도 개선됐다.

2023년 1월 부산시상수도사업본부는 낙동강 보 건설기간

충주호에 띄운 인공 수초섬 ⓒ 충주시

인 2010~2012년을 제외하고 그 전후 각 9년씩의 수질을 비교한 결과, 부영양화 지표인 총인은 물금·매리에서 0.104ppm과 0.106ppm에서 0.041ppm으로 60% 이상 감소했다고 밝혔다. 상수도사업본부 측은 강바닥 준설과 하천변 비점오염원 제거와 정리, 하·폐수 처리시설 증설, 총인 배출기준 강화 등이 이뤄진 결과라고 판단했다.[24]

하지만 4대강에서는 여전히 녹조가 창궐하고 있다. 강을 가로막은 보 때문에 하수처리장에서 노력을 들여 총인·총질소를 줄인 효과를 제대로 보지 못하고 있는 것이다.

녹조의 번성, 남세균 탓인가 사람 잘못인가

7.
하수처리장에서 인 제거하기

〰〰〰

강과 호수에서 녹조가 발생하는 것은 질소, 인 등 영양염류가 많기 때문이다. 남세균 성장에서 특히 인의 농도가 중요하기 때문에 하수처리장에서는 인을 제거하기 위해 관련 공정을 추가하기도 한다. 유기물질을 제거하는 일반적인 하수처리 공정 외에 질소나 인을 제거하는 공정을 추가한 경우 고도 하수처리시설이라고 부르기도 한다. 하수처리장에서 쓰레기만 건져내거나 토사 등을 가라앉히는 것을 1차 처리라 하고, 미생물(활성오니법)을 활용해 유기물을 분해하는 것을 2차 처리라고 한다. 여기서 더 나아간 고도처리는 3차 처리라고도 한다.

하수처리장에서 인을 제거하는 방법은 크게 물리화학적 방법과 생물학적 방법으로 나뉜다. 물리화학적 방법은 화학약품을 투여해 물속의 인을 붙잡아 응집·침전시키거나 흡착하는 등의 방법이다. 생물학적 방법은 세균이나 조류가 물속의 인을 흡수하도록 조건을 만들어주는 것이다. 하수처리장에서는 이런 물리화학적 방법과 생물학적 방법을 조합해서 함께 적용할 수도 있다.

오·폐수 속의 인을 물리화학적으로 제거하는 방법으로는 2차 처리가 끝난 오·폐수에 명반(백반, alum)이나 폴리염화알루미늄(polyaluminium chloride, PAC) 등 금속염을 투입하는 방식이다. 이들 금속염이 물속 인산염 등과 반응해 덩어리가 만들어진다. 또 인산염을 제거하기 위해 칼슘이나 마그네슘 등의 금속을 이용하기도 한다. 이 경우 반응을 잘 일으키기 위해 pH를 산성으로 맞추기도 해서 처리수를 방류할 때는 pH를 다시 중성으로 조절할 필요가 있다. 최근엔 인 부족을 우려해 인을 재활용하려는 움직임도 있는데, 금속염으로 응집 침전한 경우는 재활용에 어려움이 생길 수 있다.[25]

또 다른 물리화학적 방법으로는 석회석, 폴로나이트(polonite) 등을 사용해 흡착하는 방법이 있다. 흡착 성능이 있는 물질을 부착한 매체(필터 등)에 물을 통과시키는 방법이다. 인산염이 음이온이라는 점에서 물속 인 제거에 이온교환 방법을 활용하기도 한다. 오·폐수가 금속 양이온이 부착된 폴리머 리간드 교환기를 통과할 때 인산염이 리간드에 달라붙게 된다. 이후 리간드 교환기에 다른 음이온을 투여해 인산염을 떼어내 모으는 방식이다. 흡착이나 이온교환 방법의 경우 실험실 규모에서는 높은 인 제거율이 달성되었지만, 대규모 하수처리장에서는 인 제거 효율이 떨어질 수 있다.

생물학적인 인 제거 방법은 '인 축적 생물(phosphorus accumulating organism, PAO)'을 이용하는데, 이들은 세포 내에 인을 다량 쌓는 특성을 갖고 있다. 인 축적 생물 가운데는 캔디다투스속의 세균(*Candidatus* Accumulibacter phosphatis)이나 아시네토박터속(*Acinetobacter* spp.)의 세균이 대표적이다. 산소가 없는 혐기성 상태에서 인 축적 생물들은 수중에 함유된 유기물을 세포 내에 PHB(poly-β-hydroxybutyrate) 형태로 저장하며, 이때 필요한 에너지는 폴리인산염(polyphosphate)을 가수분해하여 이용하게 된다. 혐기성 과정을 거친 미생물은 산소가 있는 호기성 조건에 노출되면 세포 내에 저장된 PHB를 분해하고 그때 얻는 에너지로 혐기조건에서 내놓은 인의 양보다 훨씬 많은 과잉의 인을 섭취해 폴리인산염 과립(granules) 형태로 세포 내에 축적하게 되는데 이것을 과잉흡수(luxury uptake)라고 한다. 이처럼 혐기-호기 조건을 오가는 과정을 거치면서 오·폐수 내 인을 효율적으로 제거하게 된다.[26]

이런 '개량 생물학적 인 제거(enhanced biological phosphorus removal, EPBR)' 방법도 이제는 이미 전통적인 방법으로 자리 잡았다. 최근에는 EPBR 공정 자체를 부분적으로 개선한 다양한 새로운 방법이 등장하고 있다.

미세조류(micro-algae)를 이용해서 인을 제거하는 방법도 있다. 조류가 오·폐수 속의 인을 흡수해 자라도록 하는 원리인데, 하수처리장 반응조 안에서 녹조를 유도하는 셈이다.

인은 조류 성장에 필수적인 영양소인데, 특정 조건에서 조류는 성장에 필요한 수준 이상의 인을 초과 흡수해 세포 내에 저장하기도 한다. 이때 인은 인산염이나 오르토인산염(orthophosphate, 인산염 몇 개가 나란히 연결된 것) 형태로 흡수돼 폴리인산염 과립으로 저장된다. 그러다가 주변 환경에 인이 부족해지면 비축해뒀던 폴리인

러시아 모스크바의 고도하수처리장 ⓒ A.Savin(wikimedia)

녹조의 번성, 남세균 탓인가 사람 잘못인가

산염을 활용하게 된다. 아울러 조류는 무기 인산염이나 오르토인 산염이 없을 때는 세포 표면에서 포스파타아제(phosphatase) 효소 로 유기인을 오르토인산염으로 전환한 뒤 흡수하기도 한다.

조류를 활용하는 방법은 실험실 규모에서는 유망해 보이지만, 온대지역에서 겨울철 저온 조건에서는 현장에 적용하는 데 한계 가 있다.[27]

하수처리장에서 인을 제거할 수 있는 다양한 기술이 개발돼 있 지만, 에너지 소비나 운영기술의 복잡성, 과도한 유지관리 비용 등이 문제가 될 수 있다. 하수처리장에서 인을 더 많이 제거할수 록 강과 호수에서 녹조를 제거하는 데 보탬이 되겠지만, 인 농도 를 점점 더 낮출수록 비용도 급격하게 증가하기 때문에 한계가 있 다. 4대강 사업 당시 5,000억 원을 들여 총인 처리시설을 확충했 지만, 녹조를 막지 못하는 이유이기도 하다.

8.
비점오염원 걸러내야 녹조 잡는다

⬿⬾⬿⬾⬿

강과 호수의 부영양화는 하수처리장에서 방류하는 영양염류 탓만은 아니다. 논밭이나 도로 등에 쌓여 있다가 빗물에 씻겨 들어오는 것도 많다. 경우에 따라서는 하수처리장을 통해 들어오는 점오염원(point source)에 의한 오염보다 빗물에 씻겨 들어오는 비점오염원(non-point source)에 의한 오염이 더 문제일 수도 있다. 그래서 비점오염원 관리가 중요하다. 대표적인 사례가 2023년 5월 환경부가 내놓은 '낙동강 수계에 쌓인 퇴비 관리 강화…녹조 예방'이라는 제목의 보도자료다.[28]

보도자료에서 환경부는 낙동강 녹조 발생을 줄이기 위해 하천·제방 등 공유부지에 쌓여 있는 퇴비에 대한 관리를 강화하기로 했다고 밝혔다. 2022년 환경부 조사 결과, 낙동강 수계 인근에는 1,579개의 퇴비 더미가 있고, 이중 약 40%인 625개가 제방, 하천, 도로 주변 등 공유부지에 부적정하게 보관되고 있는 것이 확인됐다. 이에 환경부는 공유부지에 쌓아둔 퇴비는 소유주에게 이를 모두 수거하도록 안내하고, 이를 이행하지 않으면 「가축분뇨의 관리에 및 이용에 관한 법률」에 따라 고발 조치하겠다고 강조했다. 그 외 사유지에 보관된 야적 퇴비에 대해서는 소유주에게 퇴비 덮개를 제공하고 적정한 보관 방법을 교육한 후, 비가 예보되면 덮개를 설치하도록 안내 문자도 발송하기로 했다. 퇴비 침출수의 경우 생물학적 산소요구량(BOD)이 200ppm이 넘고, 총인의 농도도 30ppm에 이르는 것으로 파악되고 있다.

환경부는 "낙동강 수계에 매년 녹조가 대량 발생, 수자원 확보 및 수생태계에 악영향을 초래하는 현상이 반복적으로 발생하고 있는데, 축산분뇨가 녹조 발생 원인인 비점오염물질의 56%를 차지한다"라고 설명했다.

이처럼 강과 호수로 들어오는 질소·인 등 영양염류를 줄여서 남세균 녹조를 예방하는 것이 정공법이고 최선의 방법이지만, 생각만큼 쉽지 않다.

차선책도 없지는 않다. 강이나 호수로 이미 들어온 질소·인이 남세균에게 도달하지 않도록 하는 방법이다. 다른 하나는 이미 발생한 녹조를 없애거나 덜 심하게 만드는 방법도 있다.

강이나 호수 내에 있는 질소·인을 남세균이 이용하지 못하게 하는 방법으로는 먼저 수생식물을 이용하는 방법이다. 강이나 호수 주변에 갈대가 자라도록 하고, 이 갈대를 주기적으로 베어내는 방법이다. 갈대가 자라면서 물속의 질소·인을 흡수하는데, 다 자란 갈대를 베어내 다른 곳에 처분한다면 물속의 질소·인을 제거하는 효과가 있다. 갈대 외에 다른 수생식물도 마찬가지 효과를 가질 수 있다. 좀 더 적극적인 방법으로는 호수 한 가운데에 인공 수초섬을 만드는 것이다. 물 위에 떠다닐 수 있는 구조를 만들고 거기에 갈대 등 수초가 자라도록 해서 물속의 영양염류를 흡수하도록 한 다음 수초를 수확하는 방법이다. 국내에서도 팔당호나 북한강 파로호에서 시도됐다.[20]

수층에 공기를 불어 넣는 방법도 있다. 이는 여름에 호수의 성층화로 인해 저층에 무산소층이 생겼을 때 공기를 불어 넣어 무산소층을 없애는 방법이기도 하다. 무산소층을 없애면 물고기 떼죽음을 피할 수도 있지만, 퇴적토에서 질소와 인 등이 녹아 나오는 것을 방지하는 효과도 있다. 무산소 상태, 즉 환원 상태에서는 퇴적토에서 더 많은 질소·인이 녹아 나오는데, 공기를 불어 넣으면 녹조를 일으키는 남세균에게 질소·인이 공급되는 것을 차단하는 효과가 있다. 국내에서도 대청호나 경인운하(경인아라뱃길) 등지에서 폭기(aeration) 장치를 설치해 호수 깊은 곳에 공기를 불어 넣기도 한다. 길이 18km의 경인운하는 한강 하류의 물을 채운 데다 정체된 상태라서 녹조가 발생하기 쉬운 상태. 한국수자원공사는 경인운하 수질관리를 위해 수중 폭기시설을 6대(2019년 기준) 설치해 가동하고 있다.[29] 낙동강에서는 남세균 녹조 띠가 정수장 취수구에 다가오는 것을 막기 위해 폭기시설을 사용하기도 한다.

중장기적으로는 질소·인이 풍부한 '오염' 퇴적토를 준설하는 것도 방법이다. 준설할 때는 퇴적토가 물에 재부유하지 않도록 진공펌프로 조용히 퇴적토를 빨아올리는 방법을 사용해야 한다. 과거 1990년대 초 한강 상수원인 팔당호에서 준설이 추진된 바 있

공기를 불어 넣어 무산소층을 없애는 폭기장치

으나, 환경단체 등에서 준설 과정에서 발생할 수 있는 상수원의 오염을 우려해 반대하는 바람에 실제 준설에 들어가지는 못했다.

한편, 4대강 사업 이후에는 한강과 낙동강 등 4대강 바닥에 진흙이 쌓이고, 이것이 썩으면서 저층의 산소 고갈을 부채질하는 것으로 나타났다. 4대강 사업에서 건설된 보 때문에 강물 흐름이 느려져 강바닥에 오염물질이나 플랑크톤 사체 등이 쌓인 것이 원인으로 지목되고 있다. 퇴적된 유기물이 썩으면서 산소가 다량 고갈돼 물고기가 살 수 없는 환경이 나타나기도 한다.[30]

남세균 녹조 때 다량 생성된 남세균 유기물이 호수의 부영양화를 초래하기도 한다. 유기물이 썩을 때 호수 저층 산소가 고갈되면 퇴적토에서 영양물질이 녹아 나오기 때문이다. 비점오염원 유입은 녹조, 호수의 부영양화, 녹조 악화, 영양물질 용출, 부영양화 심화라는 악순환의 고리의 출발점이 될 수 있다.

녹조의 번성, 남세균 탓인가 사람 잘못인가

9.
짙은 녹조를 직접 제거하는 방법

〜〜〜〜〜〜〜

다양한 예방 노력에도 불구하고 강과 호수에 실제로 남세균 녹조가 발생하면, 물리적·화학적·생물학적으로 녹조를 직접 제거할 필요도 있다. 생물학적으로 남세균을 억제하는 방법도 있지만, 여기서는 물리적 방법과 화학적 방법을 살펴보기로 한다.

물리적 방법은 녹조를 거둬내는 방법이다. 남세균 녹조가 바람과 물결에 떠다니다 덩어리(scum)가 생기면, 펜스를 치고 갈퀴질이나 스키밍(skiming) 방법으로 덩어리를 걷어 올려서 처분한다. 기포를 발생해 인위적으로 덩어리를 만드는 방법도 있다.

갈퀴질은 물 표면에서 남세균 덩어리를 제거하기 위해 갈퀴를 사용하는 것을 말한다. 스키밍은 플로팅 붐을 사용하여 수면에 있는 조류를 수집한 다음 그물이나 흡입 장치로 제거하는 것을 말한다. 이런 기계적 제거는 남세균 녹조가 소규모일 때, 즉 작은 연못이나 작은 호수에서는 효과적일 수 있지만, 일반적으로 대규모 수역에는 실용적이지 않다.

수층에 공기를 불어 넣는 폭기의 경우 물에 난류를 일으켜 남세균의 성장을 교란하고 억제하는 효과가 있지만, 이미 녹조가 발생한 후에는 효과가 적은 것으로 알려졌다.

초음파 처리는 고주파 음파로 남세균의 세포벽에 충격을 줘 남세균 세포가 부서지고, 결국 죽게 만드는 효과를 노리는 것이다. 물속에 있는 초음파 변환기를 사용하는데, 초음파 처리는 남세균의 성장을 억제하는 데도 효과적이지만, 이미 발생한 녹조를 제거하는 데에도 사용할 수 있다.[31]

2015년 한국건설기술연구원에서는 '소금쟁이' 모양의 녹조 장비를 선보이기도 했다. 이 장비는 천연응집제 분사 시스템과 전기분해 장치, 미세 기포 발생기, 수거 시스템으로 구성돼 있다. 우선 바닷물 속의 염분을 농축한 천연응집제를 녹조가 발생한 강이나 호수에 뿌리면 녹조 생물이 엉키게 된다. 마치 두부를 만들 때 콩물에 간수를 뿌리는 것과 같은 원리다. 녹조 생물이 엉기면 일단 물속으로 가라앉게 되는데, 이 녹조 덩어리를 걷어내려면 작은 공기 방울을 발생시켜 물 위로 띄우는 과정이 필요하다. 소금쟁이에는 기포를 발생시키기 위해 물 전기분해 장치가 장착돼 있다. 물을 전기분해하면 산소와 수소가 생긴다.[32]

물 위에 떠오른 녹조 덩어리를 걷어 들이는 장치는 소금쟁이의 입처럼 생겼다. 강에서는 상류 쪽을 향해 입을 벌리고 있으면 녹조 덩어리가 소금쟁이 안으로 흘러들어오고, 배 아래에서 회전 장치로 이를 걷어 들여 저장 탱크로 보낸다. 저장 탱크에 수거된 녹

녹조의 번성, 남세균 탓인가 사람 잘못인가

조 덩어리는 과수원 등에 비료로 활용할 수 있다.

2020년에는 서울대학교 건설환경공학부 한무영 교수팀이 녹조 제거선박을 개발하기도 했다.[33] 기포를 발생시키고 거둬들이는데, 자체 동력으로 강이나 호수 위를 오가며 녹조를 걷어낸다. 문제는 경제성과 효율성이다. 좁은 범위에서 녹조를 걷어내는 것은 가능하지만, 드넓은 강이나 호수의 녹조를 제대로 걷어내는 일은 별개다.

한 교수팀의 녹조 제거선박은 연간 운영관리비가 20억 원에 이르는 것으로 나타났는데, 낙동강 전체로 혹은 대청호 전체에서 녹조를 제거하려면 10척 이상이 필요할 수도 있다. 더욱이 국내에서는 여름에만 활용이 가능하지만, 나머지 계절에도 인건비 등 경비가 들기 때문에 문재인 정부 당시 환경부에서도 녹조 제거선박 운영에 적극적이지 않았다. 4대강 보의 수문을 열어 녹조가 덜 발생한다면 녹조 제거선박이 필요 없을 수도 있다.

하지만 윤석열 정부가 들어선 이후 환경부 입장은 달라졌다. 4대강 수문을 닫고 물을 채우려는 상황에서는 녹조가 발생할 수밖에 없고, 그래서 녹조 제거선박이 필요해졌다. 2023년 6월 환경부는 "낙동강을 중심으로 2024년까지 녹조 제거선박 20척과 수면에 떠다니며 녹조를 걸러내는 '에코로봇' 22대를 투입하겠다"라고 밝혔다. 하지만 불과 2년 전 막대한 비용을 이유로 폐기했던 녹조 해결 방안을 다시 끌어오면서도 효과나 경제성에 대해 제대로 검토했는지는 의문이다.

화학적으로 물속의 영양염류를 제거하거나 녹조를 직접 없앨 수도 있다. 황산구리의 경우 물속의 인과 결합하여, 인을 바닥에 가라앉힌다. 황산구리를 투여할 경우 황산구리에서 나오는 구리 이온이 남세균을 포함한 조류에 독성이 있어 조류를 죽게 한다. 황산구리를 처리하면 남세균 녹조를 제거할 수 있고, 남세균이 성장하는 것을 억제해 녹조를 예방하는 효과도 있다. 다만, 황산구리를 과도하게 사용하면 다른 수생 생물에 해로울 수 있다. 또 장기간 너무 많이 사용하게 되면 강과 호수 바닥의 퇴적토에 축적돼 환경에 악영향을 초래할 수도 있다.

남세균 녹조를 제거하기 위해 탄산나트륨 과산화수화물을 사용하기도 한다. 탄산나트륨 과산화수화물은 물과 접촉할 때 과산화수소를 방출하는데, 과산화수소는 남세균에 독성이 있어 남세균을 제거할 수 있다. 남세균의 성장을 미리 억제하기도 하고, 이미 녹조가 발생한 다음에도 녹조를 제거하는 데 사용할 수 있다. 하지만 비용이 많이 들고 효과를 유지하기 위해 자주 적용해야 할 수도 있다. 대기 중에 이산화탄소가 증가하면 과산화수소의 효과가 떨어진다는 보고도 있다.

조류를 죽이기 위해 특별히 고안된 화합물인 살조제(algaecide)를 사용하는 경우도 있다. 이 역시 녹조가 발생하기 전에 투여해 녹조를 예방할 수도 있고, 녹조가 발생한 후에 투여해 남세균을 제거할 수도 있다. 하지만 다른 생물에도 영향을 줄 수 있기 때문에 사용에 주의해야 한다. 특히 상수원에 조류 제거제를 뿌릴 경우 먹는 물에 영향을 줄 수 있는 만큼 특별히 주의가 필요하다. 국내에서도 녹조가 극심한 낙동강 상류 영주댐을 비롯해 여러 곳에서 조류 제거제를 사용하고 있다. 한국수자원공사 측은 조류 제거를 위해 2019년 7~8월 영주댐 유사(모래)조절지에 응집제인 폴

강 표면에서 녹조를 모아서 걷어내는 장비

한국건설기술연구원에서 개발한 녹조 제거 장비. 일명 녹조 먹는 소금쟁이다.

리염화알루미늄(PAC) 4,300L를 24일에 걸쳐 투입했다.[34] 수자원공사는 영주댐 앞 지점에도 2019년 8월에는 KMWH라는 조류 제거 물질을 200L, 9~10월에는 PAC 1,120L를 뿌렸다. 9월 26일에는 마이팅선이란 조류 제거 물질 60kg도 댐 앞에 뿌렸다. 영주댐에서는 2017년 7월에도 KMWH 500L를 댐 앞에 살포한 바 있다.

이처럼 조류 제거 물질을 대량 살포한 결과, 일부 효과는 나타났지만, 녹조를 근본적으로 해결하지는 못했다. PAC를 계속 살포한 유사조절지에서도 2019년 8월 내내 엽록소a가 33~50mg/m^{3}를 오르내렸다. 엽록소a가 36~70mg/m^{3}이면 수질 기준으로 '나쁨(5급수)'에 해당한다.

이처럼 조류 제거제를 사용하더라도 효과가 오래 가지 않고, 사용 후 곧바로 다시 녹조가 발생하기도 한다. 녹조 문제 해결이 어려워지면서 영주댐을 해체하라는 주장까지 나오고 있다. 녹조가 발생한 다음에 이를 해결하는 방법이 다양하게 제시되고는 있지만, 대부분 임시방편에 지나지 않는다. 사후 처방은 근본 해결책이 못 되는 것이다.

녹조의 번성, 남세균 탓인가 사람 잘못인가

10.
바이러스로 남세균을 공격한다

〜〜〜〜

세균을 공격하는 바이러스를 박테리오파지(bacteriophage)라고 하는 것처럼 남세균(cyanobacteria)를 공격하는 바이러스를 시아노파지(cyanophage)라고 한다. 다른 바이러스처럼 사이노파지 자체는 스스로 번식을 할 수 없다. 남세균 세포 내로 들어와서 남세균 세포 내 성분을 이용해 많은 시아노파지를 복제한 뒤, 다시 세포 밖으로 나가는 방식으로 번식한다.[35, 36]

이런 시아노파지를 이용하면 남세균 녹조를 억제할 수 있다는 아이디어는 과거부터 많은 사람들이 생각했고, 유망한 생물학적 제어 방법으로 간주되고 있다. 시아노파지는 많은 수의 남세균을 반복적으로 공격해 감염시키고 죽일 수 있기 때문에 한 번 사용하면 지속적인 효과를 볼 수 있다. 또 생태계에 이미 존재하던 것이고, 다른 생물체는 공격하지 않기 때문에 생태계에 미치는 악영향

도 덜할 것으로 간주된다.[37, 38]

하지만 시아노파지를 이용해 남세균을 억제하는 것은 미생물 생태학에 대한 전반적인 이해가 있어야 한다. 조류학(藻類學) 외에도 바이러스학, 생태학, 생명공학 전반에 대한 지식과 기술이 필요하다.

시아노파지를 사용해서 남세균을 억제하려면 우선 남세균의 종을 알아야 한다. 시아노파지는 특정 남세균 종만을 공격하는 특이성을 갖는 것이 보통이므로, 해당 강이나 호수에서 자주 녹조를 일으키는 남세균의 종을 파악해야 한다. 시아노파지가 공격하는 숙주의 범위는 아주 좁을 수도 있다. 매우 특이적(specific)이라는 의미다. 같은 남세균 종이라도 변이주(stain)에 따라 특정 시아노파지가 공격해 감염시킬 수도, 감염시키지 못할 수도 있다.

남세균 종이 확인되면 그에 맞는 시아노파지를 선택해서 그 시아노파지를 대량 배양해야 한다. 기존에 보관 중인 시아노파지를 활용할 수도 있지만, 남세균 숙주에 맞는 시아노파지가 없을 경우 시아노파지를 별도로 확보해야 한다.

남세균 녹조가 일어나는 강이나 호수에서 물 시료를 채취해 거기서 시아노파지를 분리하고 배양해야 한다. 물 시료를 여과막(membrane filter)으로 걸러서 남세균이나 세균 등을 제거하고, 여과막을 통과한 물에 남아있는 시아노파지를 배양하게 된다.

이때 숙주가 되는 남세균 배양액에 여과된 물을 넣어 시아노파지가 잘 자라도록 한다. 시아노파지로 인해 남세균이 죽는지 확인하고, 다시 배양액을 여과한다. 여과액을 다시 남세균 배양액에 넣는 과정을 반복하면서 시아노파지를 농축한다. 이처럼 시아

녹조의 번성, 남세균 탓인가 사람 잘못인가

노파지를 분리하고 배양한 다음에는 남세균 녹조가 발생한 수역에 그 배양액을 뿌리거나 수층에 주입한다. 시아노파지의 적용 방법은 녹조 상황에 따라 달라진다. 수층에 시아노파지를 적용한 후에는 처리 효과를 결정하기 위해 모니터링을 해야 한다. 정기적인 수질 검사를 통해 시아노파지의 숫자를 파악하고, 남세균 녹조의 수준도 지속해서 조사해야 한다.

시아노파지를 이용해 남세균 녹조를 억제하는 데에는 아직 극복해야 할 과제도 적지 않다. 남세균 숙주를 공격하려면 시아노파지-남세균 사이에서 나타나는 상호작용의 특이성을 뛰어넘어야 한다. 또 남세균과 시아노파지 사이에 일어나는 상호작용에 대해서도 더 많은 이해가 필요하다. 시아노파지가 남세균에 흡착해서 세포 내로 진입하는 과정, 남세균 세포 내에서 복제하는 과정, 남세균 세포를 파괴하고 벗어나는 과정 등에 대해 더 알아낼 필요가 있다는 의미다.

시아노파지가 남세균 세포 내로 들어갔다고 하더라도, 곧바로 남세균 세포가 죽는 것은 아니다. 잠복 기간이 필요한 경우가 있고, 잠복 기간이 24시간 정도로 짧을 때도 있지만, 36시간 이상 길어질 때도 있다. 만일 잠복 기간이 길다면 시아노파지로 남세균 녹조를 억제하는 데는 제한을 받을 수밖에 없다.

일부 시아노파지의 경우 남세균 세포 안으로 들어간 다음, DNA를 남세균 DNA 속에 편입시키는 경우도 있다. 이는 곧바로 남세균 세포를 죽이는 용해성 주기(lytic cycle)와 달리 용원성 주기(lysogenic cycle)라고 한다. 남세균 DNA에 들어가서 남세균이 세포분열을 할 때 남세균 DNA와 똑같이 복제된다. 용원성 주기로

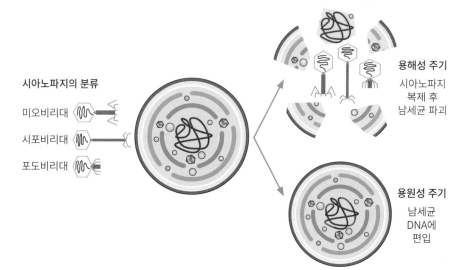

시아노파지의 분류

미오비리대

시포비리대

포도비리대

용해성 주기
시아노파지
복제 후
남세균 파괴

용원성 주기
남세균
DNA에
편입

시아노파지의 종류와 남세균 감염. Zhu et al.(2023)의 자료를 다시 그림

편입된 시아노파지 DNA는 여러 차례 남세균의 세포분열과 보조를 맞추다가 어느 순간 갑자기 용해성 주기로 전환할 수도 있다. 이렇게 되면 시아노파지가 대량으로 복제되고, 남세균 세포는 죽게 된다. 이런 용원성 주기가 있기 때문에 남세균과 시아노파지는 같은 유전자를 공유하는 경우도 있다. 남세균과 시아노파지가 공진화(共進化)한다고 하는 이유다.[39]

넓은 호수나 강에서 시아노파지를 적용할 경우 많은 양의 배양액이 필요하게 된다. 너무 많은 양이 필요할 경우 실제 시아노파지를 적용하는 데 제약 요인이 될 수 있다. 예를 들어 중국의 큰 호수는 호수 면적이 2,000km²가 넘는데, 호수 면적의 5%만 남세균에 덮여 있다고 가정해도, 시아노파지 배양 농축액을 실은 운반 트럭이 최소한 수만 대가 필요하다.

시아노파지로 남세균 녹조를 제어할 때 고려해야 할 사항 중에는 남세균 독소도 있다. 남세균 독소를 우려해 녹조를 제거하려 하지만, 시아노파지를 사용할 경우 남세균 세포가 파괴되고 세포 안에 있던 남세균 독소가 세포 밖으로 흘러나오기 때문이다.

독소가 세포 내에 있을 때는 정수장에서 응집하고 여과하는 과정에서 제거하기 쉽지만, 독소가 물에 녹아 나온 상태에서는 제거하기가 더 까다롭다. 일반적인 모래여과로는 제거하기 어렵고, 활성탄 등 고도 정수처리가 필요하다. 이런 점은 다른 화학적인 녹조 제거 방법도 마찬가지다.

또 하나는 남세균이 돌연변이를 통해 시아노파지에 대한 저항성을 가질 수 있다는 것이다. 숙주가 감염에 저항성을 갖게 되면 녹조 제거 방법으로서 효과를 상실하게 된다.

결국 시아노파지를 통해 남세균 녹조를 제어할 수 있다는 사실은 실험을 통해 확인되고 있지만, 실제 커다란 강이나 호수에 이를 적용하려면 추가 연구가 필요한 상황이다.

11.
먹이사슬 활용해 녹조를 억제한다

남세균 녹조를 억제하는 방법에는 녹조가 발생한 호수에 화학약품을 투입해 호수의 인 성분을 제거하는 방법도 있다. 녹조 자체를 죽이거나 엉키게 만들고, 덩어리를 가라앉히는 방법도 있고, 물속에 녹아있는 인 성분을 가라앉혀 남세균이 활용하지 못하도록 하는 방법도 있다.

녹조를 제어하는 방법으로는 '생물조절(biomanipulation)'이란 것이 있다. 먹이사슬의 원리를 이용하는 것이다. 이 방법 자체는 1970년대부터 알려진 이후 해외에서 가끔 사용됐다. 국내에서도 1993년 내가 있던 서울대학교 미생물 생태학 연구실에서 실험을 진행했다. 당시 마이크로시스티스가 대량 발생한 대청호에서 메조코즘 실험을 통해 효과를 확인한 바 있다.[40]

2022년 5월에는 중국에서도 이 방법을 사용해 효과를 봤다는 논문이 나왔다. 중국 과학아카데미 수문학연구소와 터키의 미들이스트 기술대학 연구팀은 『워터 리서치(Water Research)』에 생물조절로 호수의 남세균 녹조를 저감한 실험 결과를 논문으로 발표했다.[41, 42]

이 생물조절의 원리는 먹이사슬을 이용해 녹조를 없애자는 것이다. 동물성 플랑크톤이 식물성 플랑크톤인 남세균을 잡아먹는데, 물고기는 다시 동물성 플랑크톤을 잡아먹는다. 물고기가 많으면 동물성 플랑크톤이 줄고, 식물성 플랑크톤이 늘어나 녹조가 발생한다. 플랑크톤 식성(planktivorous) 물고기, 즉 동물성 플랑크톤을 먹어 치우는 물고기를 잡아내면 동물성 플랑크톤이 늘어나면서 식물성 플랑크톤이 줄어 녹조가 억제된다는 것이 생물조절의 원리이고, 중국 연구팀의 실험에서도 그런 결과가 나왔다.

연구팀이 실험을 진행한 곳은 중국 남서부 윈난성에 있는 해발 1,974m의 고지대 호수인 얼하이 호수다. 호수 면적은 252km²이고, 물의 양은 29.59억m³이다. 저수량으로는 한국의 소양호와 같지만, 호수 면적은 3.6배로 소양호보다는 얕다.

연구팀은 유럽 북부 온대지역 호수에서 광범위하게 사용한 생물조절이 아열대 고지대 호수인 얼하이 호수에도 적용할 수 있는지 알아보기로 했다. 연구팀은 우선 2018년 4월부터 2019년 5월 사이에 호수에 울타리를 쳐서 0.35km² 면적의 영역 두 개를 만들고 실험을 진행했다. 물은 통과하는데 물고기는 통과할 수 없는 그물 같은 울타리를 치고 물고기를 잡아냈다. 0.35km² 한쪽 영역에는 물고기를 잡아내고, 다른 0.35km² 영역에서는 물고기를 그대로 뒀다.

물고기는 2018년 6월 초부터 매달 두 번씩 모두 2.36톤을 제거했는데, 물고기를 제거한 영역에서는 동물성 플랑크톤의 밀도가 많이 증가했다. 물벼룩의 일종인 보스미나(*Bosmina*, 크기 0.4~0.6mm)는 7월과 11월에 많이 증가했고, 물벼룩 중에서도 큰 종류인 다프니아(*Daphnia*, 크기 1~5mm) 역시 약간 증가한 것으로 나타났다. 연구팀은 울타리 실험 결과를 바탕으로 2019년 5월 호수 전체로 실험을 확대했다. 호수에서는 약 1,000척의 어선을 동원해 빙어 잡는 그물로 총 2,829톤(ha당 113kg)의 물고기를 계속 잡아냈다. 물고기를 잡아낸 결과, 물벼룩이 증가했다. 다프니아는 겨울에 뚜렷이 증가했고, 보스미나는 4계절 내내 증가한 사실이 확인됐다. 같은 동물성 플랑크톤 중에서도 요각류는 봄과 여름에 줄어들었다. 동물성 플랑크톤이 증가하면서 남조류와 녹조류, 규조류는 모두 뚜렷하게 감소했다.

　　연구팀은 "동물성 플랑크톤 대(對) 식물성 플랑크톤인 남세균의 생물량 비율이 크게 변화한 것은 물고기 제거 후 식물성 플랑크톤에 대한 동물성 플랑크톤의 포식 압력이 상당히 증가한 것을 보여준다"라고 설명했다. 물고기의 공격에서 벗어난 물벼룩 등 동물성 플랑크톤이 남세균 같은 식물성 플랑크톤을 대량으로 먹기 시작했다는 의미다. 연구팀도 "플랑크톤을 먹는 물고기 제거는 호수에서 외부 영양소의 유입을 줄이는 것과 더불어 실행해볼 만한 호수 복원 도구가 될 수 있는 가능성을 확인했다"라면서도 "효과를 계속 유지하기 위해 물고기를 계속 잡아내야 할 것인지 등 장기적인 연구가 필요하다"라고 덧붙였다.

　　중국 얼하이 호수 실험을 통해 생물조절 방법이 효과가 있는 것

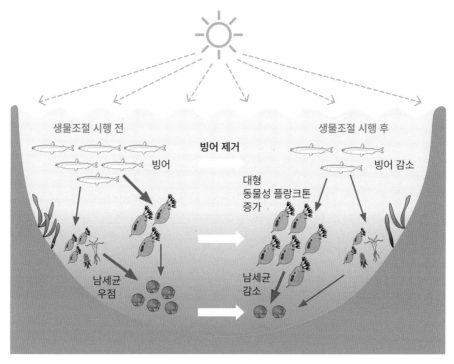

생물조절을 통한 남세균 녹조 억제. Yin et al.(2022)의 자료를 다시 그림

으로 나타났는데, 우리 4대강 보에도 적용이 가능할까? 우리는 전국 댐이나 4대강 보에서 물고기를 대대적으로 잡아낼 수 있을까?

4대강 전체의 물고기를 다 잡아내기도 어렵다. 더욱이 남세균 중에서도 독소를 생산하는 종류는 다프니아 같은 물벼룩도 잘 잡아먹지 못한다는 보고도 있다.

2014년 국내에서도 물벼룩을 이용해 녹조를 제거하는 기술이 개발됐다는 발표가 있었다. 그해 9월 ㈜아썸은 한국농어촌공사와 함께 개발한 '현장에서 배양된 천적 동물성 플랑크톤을 이용한 녹조 제어 기술'이 환경부로부터 환경 신기술 인증을 받았다고 밝혔다.[43] 핵심 내용은 ①호숫물을 채취해 식물성 플랑크톤과 동물성 플랑크톤을 분리한 다음 ②분리한 식물성 플랑크톤을 먹이로 해서 동물성 플랑크톤을 대량 배양하고 ③숫자가 늘어난 동물성 플랑크톤을 다시 호수에 투입함으로써 ④호수의 녹조(식물성 플랑크톤)를 제거한다는 것이다.

하지만 이 기술은 작은 저수지나 연못에서는 활용할 수 있지만, 4대강처럼 큰 규모에서는 활용하기 어렵다. 한정된 호수나 저수지와 달리 4대강은 상류와 지류와 연결돼 있는 등 열려 있는 강에서는 플랑크톤을 넣어주는 방법으로는 녹조를 제어하는 데 한계가 있다.

앞서 설명한 것처럼 남세균 중에는 공기 중의 질소를 고정해 양분으로 사용하는 것도 있다. 햇빛도 가릴 수 없고, 수온을 낮출 수도 없고, 양분을 줄여도 소용없고, 생물조절도 소용이 없다면 어떻게 해야 할까? 아무튼 남세균 녹조는 정말 해결하기 어려운 숙제다.

12.
알고 보면 남세균도 쓸모가 많다

〜〜〜〜〜

독소를 생성하고 악취를 내는 남세균이지만, 인간에게도 유익한 존재가 될 수 있다. 이미 오랜 지구 역사를 통해 산소를 만들어 인류가 존재할 수 있도록 바탕을 깔아준 존재이지만, 현대에 와서도 남세균은 식품이나 약품 등 다양한 용도로 활용될 수 있다.

우선 식품이나 영양공급 측면에서 남세균은 유용하다. 풍부한 단백질과 비타민, 미네랄을 공급할 수 있다. 남세균인 스피룰리나(*Spirulina*)는 단백질 외에도 필수 지방산과 비타민이 풍부해 건강식품 또는 건강보조식품으로 판매된다.[44] 스피룰리나는 눈 건강에 좋고 콜레스테롤 수치 저하나 노화 방지, 항암 작용, 피부 건강 등에 좋은 것으로 알려지고 있다. 한국해양과학기술원 제주연구소에서는 스피룰리나를 대량 배양하고 있다. 스피룰리나에서 추출한 'SM70EE'라는 기억력 개선 소재는 2023년 식품의약품안전

처로부터 개별 인정형 원료로 인증받았다.[45]

　스피룰리나는 일반적으로 분말 또는 정제 형태로 복용하지만, 스무디나 단백질 바 등의 성분으로 활용된다. 남세균은 피코시아닌 같은 다양한 광합성 색소를 생성하는데, 이들 중에는 항산화, 항염증 특성을 가진 것도 있어서 기능 식품이나 건강 보조 식품으로 활용될 수 있다. 스피룰리나는 2016년 기준 전 세계 시장 규모가 8,000억 원에 이르고, 2028년에는 2조 원을 돌파할 것이란 전망도 나오고 있다.

　남세균은 의약품 공급원으로서도 잠재력을 갖고 있으며, 다양한 생물학적 활성 화합물을 생산하고 있다. 남세균의 일종인 오실라토리아(Oscillatoria spp.)의 경우 항바이러스 혹은 항암 특성을 가진 오실라미드(oscillamide) Y라는 화합 물질을 생산한다. 오실라미드 Y는 특히 키모트립신 억제제(chymotrypsin inhibitor)의 기능을 갖는다.[46] 키모트립신 억제제는 단백질 분해 효소인 프로테아제(protease)의 활동을 차단함으로써 암세포가 신체의 다른 부분으로 퍼지는 것을 방지하는 데 도움이 될 수 있다.

　또 병을 일으키는 세균을 제어할 수 있는 다양한 항생물질도 남세균으로부터 얻을 수 있다. 남세균은 종류가 다양한 만큼 다양한 대사경로를 갖고 있고, 다양한 2차 대사산물을 생산할 수 있다. 항암제나 항염증제 같은 신약이나 생리활성 화합물로 활용될 수 있는 후보물질도 많다. 앞으로 극한 서식지에 사는 남세균을 찾아내 그들의 대사산물 등 여러 특성을 파악한다면 인류 건강에 도움을 주는 유용한 물질을 확보할 수 있을 것이다.[47]

　생명공학 분야에서 남세균은 광합성을 통해 바이오에너지를 제공할 수 있다. 남세균은 빨리 자라고 높은 수율을 자랑하기 때문에 각광을 받고 있다. 남세균의 바이오매스(biomass)는 바이오디젤, 바이오에탄올, 바이오가스 등으로 전환해 사용할 수 있는데, 옥수수에서 에탄올을 추출하는 기존 바이오에너지 생산에 비해 훨씬 효율적인 것으로 평가되고 있다. 남세균 바이오디젤은 대기오염을 줄일 수 있고, 온실가스 배출도 줄일 수 있다.

광합성 과정에서 물 분자를 분해하는 남세균은 수소 가스를 생산하는 데도 활용할 수 있다. 수소 가스는 최근 화석연료를 대체해 온실가스 배출을 막는 청정에너지로서 각광을 받고 있는 에너지다.

남세균은 생분해 플라스틱, 바이오플라스틱처럼 여러 바이오 제품의 재료를 공급하는 역할을 할 수 있다. 남세균은 세포 내 에너지원 및 탄소 흡수원으로서 폴리하이드록시알카노에이트(polyhydroxyalkanoates, PHA)를 비축하는데, 이 PHA는 바이오플라스틱 생산에 활용될 수 있다. PHA는 기존 플라스틱에 적합한 대안으로 부상했고, 이제는 석유화학 기반 플라스틱과 경쟁자가 될 전망이다.[48]

환경 분야에서도 남세균은 중요한 역할을 한다. 수생 생태계에서는 먹이사슬의 바탕이 되고, 지구 탄소순환에 기여한다. 육상 생태계에서도 질소고정을 통해 토양을 비옥하게 만든다.

남세균은 수질오염 물질을 흡수, 정화할 수 있어 생물학적 정화(bioremediation)에 활용될 수 있다. 남세균은 하수처리장에서 질소·인을 제거하는 역할을 맡을 수도 있고, 농경지 등에서 흘러나오는 비점오염원 속의 오염물질을 제거하는 역할을 할 수도 있다.

한국해양과학기술원 제주연구소의 스피룰리나 배양시설

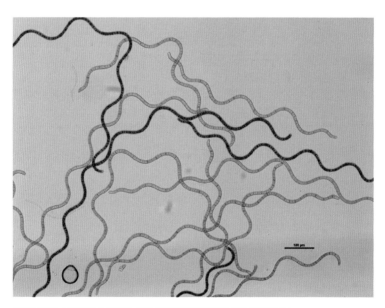

미세조류인 스피룰리나 현미경 사진 ⓒ 한국해양과학기술원 제주연구소

　녹조의 번성, 남세균 탓인가 사람 잘못인가

중금속으로 오염된 토양에서 식물이나 곰팡이와 더불어 남세균이 자라도록 해 남세균 세포 내에 중금속을 흡수시키고, 농축한 중금속을 별도로 처리함으로써 토양을 정화하는 방법도 연구되고 있다. 남세균의 경우 세포 밖으로 나와 있는 다당류(exopolysaccharides)로 중금속을 흡착하거나, 중금속과 결합하는 단백질(metal-binding protein)을 이용해 중금속을 세포 내로 흡수해 축적하는 방식으로 토양을 정화한다. 또 남세균은 자신이 가진 효소를 활용해 중금속의 독성을 중화(detoxifying)하기도 한다.[49]

남세균이 이처럼 유용하다고 해서 중요한 상수원인 4대강이나 댐 저수지에 일부러 남세균을 기를 이유는 없다. 남세균 중에서 독소를 생성하는 것이 있기 때문에 상수원에서 남세균을 일부러 기르는 것은 득보다 실이 많다. 남세균을 기르려면 실내 배양실에서, 아니면 상수원과 격리된 작은 연못에서 길러야 한다. 남세균을 4대강 보에서 길러 물고기 먹이로 활용하자고 했던, 어느 4대강 사업 찬성파 교수의 주장도 그래서 터무니없는 생각이다.

나오는 말

　지구 46억 년 역사를 1년 365일로 줄여 비교한다면, 인류는 한 해의 마지막 날인 12월 31일 저녁 7시에야 뒤늦게 나타난 존재다. 문명이 탄생한 것은 12월 31일 밤 11시 59분이고, 사람이 지구 생태계를 뒤흔들어 놓은 이른바 인류세(人類世, anthropocene)의 시작은 자정 전 0.5초도 안 되는 짧은 시간이다. 그 짧은 시간에 인류는 지구 생태계를 뒤집어 놓았다.

　녹조를 일으키는 남세균은 35억 년 전(1년으로 따지면 3월 말)에 지구상에 처음 나타나 지구 대기에 산소를 불어 넣었고, 인류가 살아갈 터전을 닦아놓았다. 과거 선사시대에도 존재했고, 역사 시대가 시작된 이후에도 우리 곁에 존재했겠지만, 남세균이 본격적으로 사람들의 주목을 받은 것은 20세기 들면서부터다. 사람들이 강과 호수에 오염물질을 쏟고, 부영양화로 녹조가 생기고, 남세균의 악취와 독소로 고통을 겪으면서 남세균의 존재가 부각됐다. 인류의 자업자득이다. 인류가 지금 녹조로 고통을 겪고 있지만, 남세균을 탓할 수는 없다. 녹조를 불러온 우리 스스로를 탓해야 한다. 그래야 해법이 나온다.

　'판도라의 상자'가 열리듯이 빠져나와 전 세계 강과 호수, 바다로 퍼진 남세균 녹조를 어느 한순간 다시 담을 수는 없다. 인류의 생활습관이나 경제활동을 하루아침에 멈출 수 없기 때문이다. 기후변화로 몸살을 앓으면서도 온실가스 배출을 줄이지 못하는 것과 마찬가지다.

그래도 기후변화에 대처하는 것보다는 녹조를 막는 것이 훨씬 쉽다. 우리는 정답을 손에 쥐고 있기도 하다. 조금만 노력하면 남세균 녹조, 유해 조류 대발생(HAB) 문제를 해결할 수 있다.

남세균이 자랄 수 있는 환경조건 중에서 사람이 조절할 수 있는 것에 집중해야 한다. 여름철 태양광이나 높은 수온은 사람이 조절하는 데 한계가 있다. 지구가 공전하고, 4계절이 있는 한 온대지방 중위도에 자리 잡은 한반도에서는 햇빛이 강하고 뜨거운 여름을 어찌할 방법이 없다. 남세균이 광합성에 사용하는 이산화탄소나 물도 사람이 차단할 수 있는 것이 아니다. 공기 중에 넘치는 것이 이산화탄소이고, 온실가스인 이산화탄소 농도는 당분간 늘어날 것이다. 물속에 사는 남세균에겐 사방이 물이다.

그렇다면 강과 호수, 바다의 부영양화를 막는 데 집중할 수밖에 없다. 남세균의 성장을 촉진하는 질소·인 영양염류의 과잉 상태를 해소해야 한다. 논밭에 투입하는 비료의 양을 줄여야 하고, 하수처리장에서는 질소와 인을 잘 걸러내야 한다. 강과 호수에 들어가 있는 오염물질을 제거하기 위해서는 수초를 활용할 수도 있고, 수초섬을 띄울 수도 있다. 필요하다면 강과 호수 바닥에 가라앉아 있는 오염물질도 조심스럽게 준설해야 한다.

사람이 조절할 수 있는 또 하나는 체류시간이다. 남세균이 녹조로 자랄 틈을 주지 않아야 한다. 강물이 흐르면 체류시간이 짧아지고, 녹조도 일어나기 어렵다. 강에 댐과 보를 쌓으면 체류시간이 늘어난다. 물이라도 맑으면, 즉 영양염류 농도가 낮으면 괜찮지만, 영양염류 농도가 높은 상황에서 보를 쌓으면 녹조가 생길 수밖에 없다. 강과 호수의 부영양화를 막는 것을 다이어트에 비유한다면, 강물이 흐르도록 하는 것은 운동을 하는 것과 같다. 비만에서 벗어나 건강한 몸을 유지하려면 다이어트와 운동을 병행해야 하는 것과 같은 이치다.

이명박 정부는 육수학(Limnology) 교과서에서 배운 것과는 전혀 다른 주장을 내세우며 4대강 사업(혹은 한반도 대운하 사업)을 강행했다. 그로 인해 4대강에서는 녹조가 자주 발생하고 있다. 4대강 중에서도 낙동강의 녹조가 가장 심한 편이다. 낙동강 녹조는 과거에도 있었지만, 이명박 정권의 4대강 사업 이후 더 심해졌다.

이는 나만의 주장도 아니고, 환경단체의 주장만도 아니다. 환경부 공식 보고서에서 밝힌 내용이다. 낙동강에는 부영양화된 호수, 4대강 사업으로 쌓은 보로 만들어진 호수 8개가 있기 때문이고, 하굿둑까지 더 하면 9개나 된다. 환경부 보고서에 따르면, 여름철 낙동강 물의 체류시간이 5일 이상 되면 녹조가 발생한다. 여름철 태양광이 강하고, 수온이 높고, 질소와 인 등 비료 성분이 많은 조건에서 자랄 수 있는 시간까지 넉넉하다면 남세균이 자라는 것을 막을 도리가 없다.

해외에서 발표된 논문에 따르면, 강 유속이 느려지면 다른 식

녹조의 번성, 남세균 탓인가 사람 잘못인가

물성 플랑크톤 종류보다 남세균이 더 많이 자라서 우점하게 된다. 얕은 호수, 부영양화된 호수에서는 남세균이 다른 종류보다 더 잘 자란다. 낙동강 8개 보는 남세균 배양조와 다름없다. 기후변화로 여름이 길어지고, 기온과 수온이 상승하면 남세균 녹조는 더 심해지는 것이 세계적인 추세다. 낙동강 하류 물금·매리 지점에서는 여름철도 아닌 초겨울까지도 녹조가 나타나고 있다.

이 책에서는 녹조를 일으키는 남세균 독소를 자세히 다뤘는데, 이는 녹조가 가져올 위험성을 경고하기 위해서다. 많은 이들은 "녹조가 생기면 어떠냐, 보에 물을 가득 담아놓은 것만 봐도 배가 부르다"라고 한다. 가뭄 걱정 없이 물을 풍부하게 사용하기를 바라는 마음이야 누구에게나 있을 것이다. 하지만 보를 쌓고 물을 가둬 녹조가 생기면 그 물이 독이 될 수 있음을 알 필요가 있다. 깨끗한 물이야 가치가 있는 수자원이지만 오염된 물은 아무짝에도 쓸모없는 오·폐수에 불과하다. 일본 후쿠시마 사고 원전 앞에 쌓인 오염수를 '처리수'라고 우기지만, 일본의 방류수 수질 기준(L당 6만 베크렐)의 10배가 넘고, 세계보건기구(WHO) 먹는 물 수질 가이드라인의 6배가 넘는 오염된 물이다. 겉으로는 맑아 보이지만 그런 물이 135만m³가 있어도 이용할 수가 없다.

이명박 정부는 4대강 16개 보를 가동보라고 강조했다. 필요하면 열고 닫을 수 있는 것이 가동보인데, 사실은 가동보가 제 역할을 하지 못하고 있다. 환경부에서 받은 자료를 보면 4대강 취수장과 양수장 70곳의 취수구를 개선하는 데 4,110억 원이 넘는 돈을 들어간다. 취수구 위치를 개선해야 가뭄 때도 보에 가둔 물을 이용할 수 있다. 지금은 보 수문을 열면 취수구가 물 밖으로 드러나 물을 취수할 수 없다. 이 말은 가뭄 때에도 보에 저장해둔 물을 사용할 수 없다는 의미다. 상류나 지류에서 흘러드는 만큼만 보에서 취수할 수 있다는 것이다. 정부에서는 보에 물을 채워 '물그릇'으로 사용하겠다지만, 정작 보의 물은 사용할 수 없는 '가짜 물그릇'에 불과하다.

상황이 이러니 4대강 보에 짙은 녹조가 발생해도 보 수문을 열수가 없는 것이다. 녹조가 아무리 심해도 그 물이라도 취수할 수밖에 없다. 강물을 흘려보내고 맑은 물을 취수할 수가 없는 것이다. 그래서 효과도, 경제성도 따지지 않고 녹조 제거선박을 대거 투입하기로 했다.

1991년 낙동강 페놀 사고 때에는 페놀에 오염된 강물이 하류로 흘러가면서 해결이 됐다. 시간이 다소 걸렸지만, 상류의 맑은 물이 내려오면서 페놀 오염이 해소가 됐다. 보의 문을 열 수 없는 현재 상황에서 같은 수질오염 사고가 발생한다면 정말 '식수대란'이 벌어질 수밖에 없다. 보에 물을 가둬두면 오염된 물이 그대로 있어 취수할 수가 없을 것이고, 보 수문을 열어 오염된 물을 내려보내면 물이 없어 취수할 수가 없을 것이기 때문이다.

그동안 환경부와 지방자치단체는 녹조 문제에 안이하게 대처했다. 녹조에 대한 문제 제기를 4대강 사업 반대로 간주한 경우가 많았다. 시민의 건강을 앞세우기보다는 정치권의 눈치 보기에 급급했다. 물고기에서, 농산물에서, 조개와 굴에서 남세균 독소가 검출됐다는 연구보고서나 논문이 나와도 쉬쉬하고 제대로 공개하지도 않았다. 녹조가 짙게 발생한 강물에서 카약을 하고 보트를 타는데도 아무런 경고를 하지 않았다. 해외에서 남세균 녹조 독소

녹조의 번성, 남세균 탓인가 사람 잘못인가

의 위험성을 강조하는 논문이 쏟아져 나와도 국내에서는 적극적으로 조사할 생각도 하지 않았다. 환경부는 고도 정수처리만 하면 남세균 독소를 다 걸러낼 수 있다고 주장하지만 99.98% 제거율이라는 것은 최상의 조건에서만 가능할 뿐이다.

건강을 위협하는 남세균 독소로부터 벗어나려면 무엇보다 녹조가 발생하지 않도록 해야 한다. 당장 녹조가 발생하지 않도록 하는 방법은 강물의 체류시간을 줄이는 길뿐이다. 보 수문을 열어 원래대로 강이 흐르도록 하면 체류시간을 크게 줄일 수 있다. 상수원수를 오염시킨 다음에 뒤늦게 고도 정수처리를 하면 무슨 소용이 있을까. 걸레를 삶아 빤들 행주로 사용할 수 있을까. 상수원수는 아예 처음부터 오염시켜서는 안 된다는 각오로 임해야 한다.

수질 문제를 해결하려는 우리 사회의 노력은 형벌을 받은 시지프스와도 같아 보인다. 매번 굴러떨어지는 커다란 바위를 다시 밀어 올릴 수밖에 없는 시지프스 말이다. 많은 돈을 투자해서 이리저리 개선하면, 다른 데에서 문제가 터져 나오곤 한다. 그게 트리할로메탄이든, 세균이든, 바이러스든, 다이옥산이든, 과불화화합물이든 말이다. 한편으로는 새로운 오염물질이 계속 확인이 되고, 다른 한편에서는 그에 맞춰 새로운 분석 기술, 새로운 수처리 기술이 개발되고 있다. 군비경쟁을 벌이는 것과도 같다.

녹조에 의한 위험이 강조되면 될수록 녹조를 모니터링하고, 녹조 독소를 분석하고, 녹조를 제어하는 기술의 개발도 빠르게 진행되고 있다. 인공지능, 로봇, 기계학습 등을 활용한 첨단 기술도 속속 등장할 것이다. 이 책에서도 나름 새로운 기술을 소개했지만, 몇 년이 지나지 않아 낡은 기술이 될 수밖에 없을 것이다.

그렇다고 시민들의 건강을 지키기 위한 노력, 자연 생태계의 건강성을 회복하기 위한 노력은 잠시라도 멈출 수는 없다. 전문가들은 새로운 사실을 밝혀내는 데 두려워할 필요가 없고, 새로운 사실로 인해 사회가 불편해진다고 해도 그 사실을 외면해서는 안 된다. 전문가라면 불이익이 있을지라도, 더 큰 이익을 얻지 못한다 하더라도 진실을 알릴 책임과 의무가 있다. 일부 단편적인 사실만 소개하면서 "내가 거짓말한 것은 아니지 않느냐"라고 책임을 면하려 해서는 안 된다. 모름지기 전문가라면 전체적인 그림을 그려내야 하고, 단편적인 사실을 뛰어넘는 진실을 말할 수 있어야 한다. 아무리 현실이 고단하더라도 말이다.

딱 30년 전 박사학위를 받았고, 대학에 시간강사로 나가던 중에 기자가 됐고, 그렇게 일간지 환경전문기자로 생활한 지 햇수로 30년을 채웠다. 특히 거의 대부분 시간을 사회부 기자로서 매일매일 마감 시간에 쫓기면서, 다른 언론사 기자들과 경쟁하면서 기사를 썼다. 거기다 더해 개발과 보존의 갈등과 충돌이 끝없이 펼쳐지는, 어쩌면 총알이 날아다니는 최전방 전쟁터 같은 곳을 누비고 다녔다. 길을 잘못 들면 어느새 지뢰밭에 들어서는 것처럼 기사 하나하나 쓰는 것이 외줄 타기 같을 때도 많았다. 녹조 관련 기사가 가장 대표적인 사례다.

2017년 무렵, 녹조의 원인으로 보와 체류시간을 지적한 내 기사에 비판적인 댓글이 줄줄이 달린 적이 있었다. 이명박 정권의 4대강 논리에 익숙해진 분들이 많았다. 나는 작심하고 그 댓글 하나하나에 다시 댓글을 달았다. 거기에 다시 독자의 반박 댓글이 붙고, 내가 다시 반박하고…. 3박 4일 동안 이어진 독자들과의 논

녹조의 번성, 남세균 탓인가 사람 잘못인가

박 과정에서 나는 70여 개의 댓글을 달아야 했다. 보람은 있었다. 내 기사에 비판적이었던 많은 분들이 내 기사를 수긍하게 됐다.

그런 치열한 전투가 벌어지는 참호 속에서 장문의 '역사'를 쓰겠다는 엄두는 도통 내지를 못했다. 그냥 매일매일 사초(史草)를 쓰는 것처럼 기사를 쓰는 데 만족했다고 봐야 할 것 같다. 이제 기자 생활을 마치면서 그런 전투 기록을 모아서 책으로 정리하게 됐다. 그 많은 환경 주제 가운데 '남세균 녹조'를 가장 먼저 택한 것은 내가 반드시 정리해야 할 숙제 비슷한 것이었기 때문이다. 우리 사회가 4대강 보 문제, 녹조 문제를 해결하지 못한다면 환경 분야에서, 환경 문제 해결에서 한 발자국도 앞으로 나아가지 못할 것이란 불안감 때문이다. 과학적으로 이미 규명돼 있고, 모든 연구 결과가 가리키고 있고, 비용도 별로 들지 않는 이것조차 합의하지 못하고 해결하지 못하면서 다른 환경 난제들을 풀어내길 기대하기 어렵다는 판단 때문이다. 그래서 보를 지키려고 애쓰는 그들 못지않게 보를 없애야 한다는 내 마음은 더 절실하다.

어찌됐든 이제 매듭 하나를 짓는다는 마음으로 책을 내놓는다. 그 숙제를 완수했다는 안도감과 아직 책을 세상에 내놓기 부족하다는 아쉬움이 교차한다.

참고문헌

〈1부〉

1. Breinlinger, S. et al., 2021. Hunting the eagle killer: A cyanobacterial neurotoxin causes vacuolar myelinopathy. *Science*. DOI: 10.1126/science.aax9050

2. 강찬수, 2021. 떼죽음 당한 美국조 흰머리독수리…27년 미스터리 뜻밖 범인. 중앙일보 2021년 3월 26일. https://www.joongang.co.kr/article/24021248

3. Schwark, M., et al., 2023. More than just an Eagle Killer: The freshwater cyanobacterium *Aetokthonos hydrillicola* produces highly toxic dolastatin derivatives. doi.org/10.1101/2023.04.12.536103 doi: bioRxiv preprint

4. 강찬수, 2016. 리우 올림픽 수영장이 '녹조라떼'가 된 이유는. 중앙일보 2016년 8월 15일. https://www.joongang.co.kr/article/20450644

5. 강찬수, 2014. 가뭄·녹조 … 낙동강은 거대한 '오염 호수'. 중앙일보 2014년 7월 28일. https://www.joongang.co.kr/article/15373103

6. Sumich, J. L., 1992. An introduction to the biology of marine life. 5th edition. WCB.

7. Graham, L. E. et al., 2009. Algae 2nd edition, Person. (김영환 등 옮김 / 바이오사이언스)

8. Bargu, S. et al., 2012. Mystery behind Hitchcock's birds. *Nature Geoscience*. https://www.nature.com/articles/ngeo1360

9. 이영임, 2012. 히치콕 '새'의 광란 원인은 독성藻類. 연합뉴스. 2012년 1월 4일.

10. Fay, P., 1983. The blue-greens (Cyanophyta-Cyanobacteria). *Edward Arnolds*. London.

11. 위키피디아, 2023. Cyanobacteria. https://en.wikipedia.org/wiki/Cyanobacteria

12. 환경부, 2021. 대전현충원 민원 생물체, 희귀 남조류 구슬말로 확인. 2021년 4월 27일 보도자료. 환경부 보도·설명 목록 (me.go.kr)

13. 환경부 국립생물자원관, 2022. 토양 남조류인 구슬말 성장을 억제하는 미생물 발견. 2022년 9월 21일 보도자료. 환경부 보도·설명 목록 (me.go.kr)

14. Kim. Y, J. et al., 2022. Assessment of the Appearance and Toxin Production Potential of Invasive Nostocalean Cyanobacteria Using Quantitative Gene Analysis in Nakdong River, Korea. *Toxins*. doi.org/10.3390/toxins14050294

15. Sinha, R. P., 2023. Cyanobacteria - life history, ecology, and impact on humans. Nova. doi.org/10.52305/STKS9486

16. 좌용주, 2021. 지오포이트리. 한 권으로 읽는 지구과학의 정수. *이지북*.

17. Ślesak, I. and H. Ślesak, 2022. Cyanophages as an important factor in the early evolution of oxygenic photosynthesis. *Scientific Reports*. doi.org/10.1038/s41598-022-24795-1

18. 강찬수, 2022. 바이러스와 함께 진화한 남세균 …23억년 전 지구에 산소 공급. 중앙일보 2022년 12월 10일. https://www.joongang.co.kr/article/25124662

19. Awarmik, S.M. 1992. The history and significance of stromatolite. *In* Early organic evolution: Implications for mineral and energy resources.(ed. by Schidlowski et al.) Springer-Verlag, Berlin.

20. 강찬수, 2023. 잠수함에도 비슷한 기능…세균 세포 안 '길쭉한 깡통' 정체. 중앙일보 2023년 3월 10일. https://www.joongang.co.kr/article/25146082

21. Huber, S. T., 2023. Cryo-EM structure of gas vesicles for buoyancy-controlled motility. *Cell.* doi.org/10.1016/j.cell.2023.01.041.

22. Atlas, R. and R. Bartha, 1993. Micorbial ecology – fundamentals and appliocations. 3rd ed. *The Benjamin/Cummings Publishing Company.*

23. Rikkinen , J., 2017. Symbiotic Cyanobacteria in Lichens. *In* M Grube, J Seckelbach & LMuggia (eds), Algae and cyanobacteria in symbiosis. *World Scientific Publishing Europe*, London, pp. 147-167. doi.org/10.1142/9781786340580_0005

24. 강찬수, 2018. [강찬수의 에코 파일] 2100년 바다 산호가 모두 사라진다. 중앙일보 2018년 5월 12일. https://www.joongang.co.kr/article/22616619

25. Cui, G. et al., 2023. Molecular insights into the Darwin paradox of coral reefs from the sea anemone Aiptasia. *Science Advances.* DOI: 10.1126/sciadv.adf7108

26. Lesser, P. et al., 2004. Discovery of Symbiotic Nitrogen-Fixing Cyanobacteria in Corals. *Science.* vol. 35:997-1000. DOI: 10.1126/science.1099128

27. Charpy, L. et al., 2012. Cyanobacteria in Coral Reef Ecosystems: A Review. *J. of Marine Science.* doi.org/10.1155/2012/259571

〈2부〉

1. 강찬수, 1996. 녹조 왜 생기며 무엇이 문제인가 –오·폐수 무분별 방류가 원인. 중앙일보 1996년 8월 26일. https://www.joongang.co.kr/article/3317169

2. Rahman, M. et al., 2022. Diurnal variations in light intensity and different temperatures play an important role in controlling cyanobacterial blooms. doi. org/10.21203/rs.3.rs-2326349/v1

3. Zhang, M., 2022. The synergistic effect of rising temperature and declining light boosts the dominance of bloom-forming cyanobacteria in spring. *Harmful Algae.* doi.org/10.1016/j.hal.2022.102252

4. Muhetaer, G. et al., 2019. Effects of Light Intensity and Exposure Period on the Growth and Stress Responses of Two Cyanobacteria Species: *Pseudanabaena galeata* and *Microcystis aeruginosa. Water.* doi:10.3390/w12020407

5. IMAI, H. et al., 2009. Temperature-dependent dominance of *Microcystis* (Cyanophyceae) species: *M. aeruginosa* and *M. wesenbergii. Journal of Plankton Research.* doi:10.1093/plankt/fbn110

6. 강찬수, 2018. 4대강 녹조 못 막는 이유는… '부영양화 지수'에 답이 있다. 중앙일보 2018년 8월 14일. https://www.joongang.co.kr/article/22883617

7. Zepernick, B. N. et al., 2021. Elevated pH Conditions Associated With *Microcystis* spp. Blooms Decrease Viability of the Cultured Diatom *Fragilaria crotonensis* and Natural Diatoms in Lake Erie. *Frontiers in Microbiology.* doi: 10.3389/fmicb.2021.598736

8. Ji, X. et al., 2020. Phenotypic plasticity of carbon fixation stimulates cyanobacterial blooms at elevated CO_2. *Science Advances.* DOI: 10.1126/sciadv.aax2926

9. Singh, R. P. et al., 2022. Cyanobacterial Lifestyle and its Applications in Biotechnology. Chapter 10. Cyanobacteria and salinity stress tolerance. *Elsevier.*

10. 강찬수, 2023. 밭에선 부족, 물에선 과잉…'원소번호 15번' 인류에 던진 숙제. 중앙일보 2023년 2월 11일. https://www.joongang.co.kr/article/25139865

11. OPF project team., 2022. A sustainable direction for phosphorus will lead to better food production, cleaner waters, healthier people and greater biodiversity. https://www.opfglobal.com

12. Hellweger, F. L. et al., 2022. Models predict planned phosphorus load reduction will make Lake Erie more toxic. *Science.* DOI: 10.1126/science.abm6791

13. 강찬수, 2022. 하수처리장서 돈 들여 인 처리하지만…남세균 녹조는 더 독해진다. 중앙일보 2022년 6월 10일. https://www.joongang.co.kr/article/25078103

14. 강찬수, 2022. "낙동강 녹조는 보로 인한 체류시간 증가 탓" 수계위원회 보고서. 중앙일보 2022년 11월 4일. https://www.joongang.co.kr/article/25114953

15. 낙동강수계관리위원회, 2020. '낙동강수계 녹조 우심지역 조류 발생 및 거동 특성 정밀조사 연구'. 한양대학교 산학협력단과 한국생태연구소.

16. 강찬수, 2022. 4대강 할퀸 남세균 녹조…강우·높은 수온·긴 체류시간에 생긴다. 중앙일보 2022년 11월 6일. https://www.joongang.co.kr/article/25116410

17. 국립환경과학원, 2021. '보 구간 광역 조류 정밀 모니터링(IV)' 보고서. 미래생태(주), 해양환경연구소(주), 한국생명공학연구원, 용용생태학회 등 제출.

18. Jo, C. D. and H. G. Kwon, 2023. Temporal and spatial evaluation of the effect of river environment changes caused by climate change on water quality. *Environmental Technology & Innovation.* doi.org/10.1016/j.eti.2023.103066.

19. 강찬수, 2023. "낙동강 8개 보, 수질 나쁘게 만들었다" 국립환경과학원의 논문. 중앙일보 2023년 2월 28일. https://www.joongang.co.kr/article/25143657

20. Wu, Z., et al., 2022. Imbalance of global nutrient cycles exacerbated by the greater retention of phosphorus over nitrogen in lakes. *Nature Geoscience.* doi.org/10.1038/s41561-022-00958-7.

21. 강찬수, 2019. 체류시간 232일 소양호에는 왜 녹조가 안 생길까? 중앙일보 2019년 3월 30일. https://www.joongang.co.kr/article/23426989

22. Matsuzaki, S. S. et al., 2022. Water-level drawdowns can improve surface water quality and alleviate bottom hypoxia in shallow, eutrophic water bodies. *Freshwater Biology.* doi.org/10.1111/fwb.14020

23. 강찬수, 2022. 오염된 호수 수위 낮추니, 수질 좋아졌다…4대 강도 적용 가능. 중앙일보

2022년 12월 13일. https://www.joongang.co.kr/article/25125269

24. Zhou, J. et al., 2022. Anthropogenic eutrophication of shallow lakes: Is it occasional? *Water Research.* doi.org/10.1016/j.watres.2022.118728

25. Feng, L., 2023. Coastal algal blooms have intensified over the past 20 years. *Nature.* doi.org/10.1038/d41586-023-00299-4.

26. Dai, Y. et al., 2023. Coastal phytoplankton blooms expand and intensify in the 21st century. *Nature.* doi.org/10.1038/s41586-023-05760-y.

27. 강찬수, 전 세계 해양 녹조·적조 발생 빈도 지난 20년 간 59% 늘었다. 중앙일보 2023년 3월 11일. https://www.joongang.co.kr/article/25146338

28. 강찬수, 2023. 해녀 울리는 제주 바다…바닷속 해조류가 사라졌다, 무슨 일. 중앙일보 2023년 6월 18일. https://www.joongang.co.kr/article/25170609

〈3부〉

1. Kim. Y, J. et al., 2022. Assessment of the Appearance and Toxin Production Potential of Invasive Nostocalean Cyanobacteria Using Quantitative Gene Analysis in Nakdong River, Korea. *Toxins.* doi.org/10.3390/toxins14050294

2. Zhang, J. et al., 2023. Ancient DNA reveals potentially toxic cyanobacteria increasing with climate change. *Water Research.* doi.org/10.1016/j.watres.2022.119435

3. 강찬수, 2022. 독소 만드는 마이크로시스티스…온난화에 남세균 우점종됐다. 중앙일보 2022년 12월 8일. https://www.joongang.co.kr/article/25124054

4. Rex, E., 2013. Harmful Algal Blooms Increase as Lake Water Warms. Increasing temperatures as a result of climate change have aided blooms of algae. *Scientific American.* https://www.scientificamerican.com/article/harmful-algal-blooms-increase-as-lake-water-warms/

5. Xue, K. et al., 2023. Horizontal and vertical migration of cyanobacterial blooms in two eutrophic lakes observed from the GOCI satellite. *Water Research.* doi.org/10.1016/j.watres.2023.120099

6. Jung. E. et al., 2022. Effects of seasonal and diel variations in thermal stratification on phytoplankton in a regulated river. *Biogeoscience.* doi.org/10.5194/bg-2022-42

7. 강찬수, 2022. 여름철 낙동강 표층·저층수 '성층화'…"남세균 대량증식에 녹조". 중앙일보 2022년 6월 14일. https://www.joongang.co.kr/article/25078922

8. 강찬수, 2022. 말라붙고 녹조 생기고…지구 1억개 호수 온난화에 몸살 앓는다. 중앙일보 202년 7월 23일. https://www.joongang.co.kr/article/25089114

9. Downing, J. A. et al., 2021. Protecting local water quality has global benefits. *Nature Communications.* doi.org/10.1038/s41467-021-22836-3

10. 강찬수, 2021. '녹조라떼'는 그 지역의 문제? "수질 개선, 기후변화 막아준다". 중앙일보 2021년 5월 13일. https://www.joongang.co.kr/article/24056241

11. Park, J. H. et al., 2023. Basin-specific pollution and impoundment effects on

greenhouse gas distributions in three rivers and estuaries. *Water Research.* doi. org/10.1016/j.watres.2023.119982

12. Smitha, R. B. et al., 2019. Estimating the economic costs of algal blooms in the Canadian Lake Erie Basin. *Harmful Algae.* doi.org/10.1016/j.hal.2019.101624

13. 강찬수, 2011. 수돗물 흙냄새 한 달 따뜻한 11월 녹조 때문. 중앙일보 2011년 12월 12 일. https://www.joongang.co.kr/article/6870518

14. 강찬수, 2017. 팔당호 녹조 일으키는 남조류에서 흙냄새 유전자 확인. 중앙일보 2017년 11월 27일. https://www.joongang.co.kr/article/22151606

15. WHO, 2020. Cyanobacterial toxins: microcystins. https://apps.who.int/iris/bitstream/handle/10665/338066/WHO-HEP-ECH-WSH-2020.6-eng.pdf

16. 강찬수, 2022. 녹색 변한 다대포 바다…"치매·파킨슨병 유발 독소 국내 첫 검출". 중앙일보 2022년 8월 25일. https://www.joongang.co.kr/article/25096934

17. Koksharova, O. et al., 2022. Non-Proteinogenic Amino Acid β-N-Methylamino-L-Alanine(BMAA): Bioactivity and Ecological Significance. *Toxins.* DOI:10.3390/toxins14080539

18. Davis D.A. et al., 2019. Cyanobacterial neurotoxin BMAA and brain pathology in stranded dolphins. *PLOS ONE.* doi.org/10.1371/journal.pone.0213346

19. 강찬수, 2022. 해변 몰려와 위기 빠진 돌고래떼…우두머리가 치매 걸린 탓? 중앙일보 2022년 12월 20일. https://www.joongang.co.kr/article/25127190

20. 강찬수, 2022. 낙동강 1km 떨어진 아파트 공기에 남세균 독소…흡입 주민 피해 우려. 중앙일보 2022년 9월 21일. https://www.joongang.co.kr/article/25103260

21. 강찬수, 2021. 녹조 독소가 미세먼지처럼 콧속으로 쏙?…환경부 조사 나선다. 중앙일보 2021년 8월 18일. https://www.joongang.co.kr/article/24129998

22. Backer, L.C. et al., 2010. Recreational exposure to microcystins during algal blooms in two California lakes. *Toxicon.* doi:10.1016/j.toxicon.2009.07.006

23. Wood, S. A. et al., 2011. Quantitative assessment of aerosolized cyanobacterial toxins at two New Zealand lakes. *Journal of Environmental Monitoring.* DOI: 10.1039/c1em10102a

24. Wu. J. et al., 2021. Acute health effects associated withsatellite-determined cyanobacterial bloomsin a drinking water source in Massachusetts. *Environmental Health.* doi.org/10.1186/s12940-021-00755-6

25. Plass, H. E. et al., 2022. Harmful cyanobacterial aerosolization dynamics in the airshed of a eutrophic estuary. *Science of Total Environment.* doi.org/10.1016/j.scitotenv.2022.158383.

26. 강찬수, 2022, '녹조라떼' 뜻밖 위협…코로 들어온 초미세먼지도 남세균 오염. 중앙일보 2022년 9월 13일. https://www.joongang.co.kr/article/25101173

27. Breidenbach, J. D., 2022. Microcystin-LR aerosol induces inflammatory responses in healthy human primary airway epithelium. *Environment International.* DOI: 10.1016/j.envint.2022.107531

28. 강찬수, 2022. '에어로졸' 남세균 독소, 코로 마시면…호흡기 염증 일어날 수도. 중앙일보 2022년 9월 28일, https://www.joongang.co.kr/article/25105172

29. Plaas, H. E. and H. W. Paerl, 2021. Toxic Cyanobacteria: A Growing Threat to Water and Air Quality. *Environmental Science and Technology*. dx.doi.org/10.1021/acs.est.0c06653

30. Gaston, C. J. et al., 2021. Filtration Efficiency of Air Conditioner Filters and Face Masks to Limit Exposure to Aerosolized Algal Toxins. *Aerosol and Air Quality Research*. doi.org/10.4209/aaqr.210016.

31. Pendergraft, M. A. et al., 2023. Bacterial and Chemical Evidence of Coastal Water Pollution from the Tijuana River in Sea Spray Aerosol. *Environmental Science and Technology*. doi.org/10.1021/acs.est.2c02312

32. 강찬수, 2023. 바닷물 오염되면 바닷가 공기도 '불안'…파도 물방울 속에 세균이. 중앙일보 2023년 3월 4일. https://www.joongang.co.kr/article/25144686

33. Harb, C., 2023. Quantification of the Emission of Atmospheric Microplastics and Nanoplastics via Sea Spray. *Environmental Science and Technology Letters*. doi.org/10.1021/acs.estlett.3c00164

34. He, Y. et al., 2023. Microcystins-Loaded Aged Nanoplastics Provoke a Metabolic Shift in Human Liver Cells. *Environmental Science and Technology*. doi.org/10.1021/acs.est.3c00990

35. Ren X. et al. 2023. Transmission of Microcystins in Natural Systems and Resource Processes: A Review of Potential Risks to Humans Health. *Toxins*. doi.org/10.3390/toxins15070448

36. Sutherland, J. W. et al., 2021, The detection of airborne anatoxin-a (ATX) on glass fiber filters during a harmful algal bloom. *Lake And Reservoir Management*, VOL. 37, NO. 2, 113–119. doi.org/10.1080/10402381.2021.1881191

〈4부〉

1. Hellweger, F. L. et al., 2022. Models predict planned phosphorus load reduction will make Lake Erie more toxic. *Science*. DOI: 10.1126/science.abm6791

2. 강찬수, 2022. 하수처리장서 돈 들여 인 처리하지만…남세균 녹조는 더 독해진다. 중앙일보 2022년 6월 10일. https://www.joongang.co.kr/article/25078103

3. Huisman, J. et al., 2022. Comment on "Models predict planned phosphorus load reduction will make Lake Erie more toxic". *Science*. DOI: 10.1126/science.add9959

4. Hellweger, F.L et al., 2022. Response to Comment on "Models predict planned phosphorus load reduction will make Lake Erie more toxic". *Science*. DOI: 10.1126/science.ade2277

5. Wu, Z., et al., 2022. Imbalance of global nutrient cycles exacerbated by the greater retention of phosphorus over nitrogen in lakes. *Nature Geoscience*. doi.

org/10.1038/s41561-022-00958-7.

6. 서영우. 2023. 미국 오하이오주의 녹조문제와 관련 규제 및 정수처리 연구 동향. 2023년 3월 23일 녹조 대응을 위한 전문가 정책 포럼. 킨텍스.

7. OEHHA. 2021. Recommendation for interim notification levels for saxitoxins, microcystins and cylindrospermopsin. https://oehha.ca.gov/media/downloads/crnr/nlmemostxmccyn050321.pdf

8. 강찬수, 2021. "녹조 독소 마이크로시스틴 낙동강·금강에서 고농도로 검출돼". 중앙일보 2021년 8월 24일. https://www.joongang.co.kr/article/25000954

9. 강찬수 2022. 녹색 변한 다대포 바다…"치매·파킨슨병 유발 독소 국내 첫 검출". 중앙일보 2022년 8월 25일. https://www.joongang.co.kr/article/25096934

10. 강윤호 등. 2021. 하천 호소 유형에 따른 조류발생 특성연구(IV)- 고위험성 유해남조류 유전학적 다양성 규명 및 분포 조사. 국립환경과학원 연구보고서.

11. 강찬수, 2022. 4대강서 작년 남세균 독소 검출…금강·낙동강 더 자주 나왔다. 중앙일보 2022년 6월 24일. https://www.joongang.co.kr/article/25081670

12. Kim. Y, J. et al., 2022. Assessment of the Appearance and Toxin Production Potential of Invasive Nostocalean Cyanobacteria Using Quantitative Gene Analysis in Nakdong River, Korea. *Toxins.* doi.org/10.3390/toxins14050294

13. 강찬수. 2022. 낙동강 보에서 열대성 남세균 독소 미량 검출…"지속 감시 필요". 중앙일보 2022년 6월 23일. https://www.joongang.co.kr/article/25081361

14. 강찬수, 2022. 환경연합 "낙동강·금강 '녹조라테' 농작물…佛 기준치 11배 독소". 중앙일보 2022년 2월 8일. https://www.joongang.co.kr/article/25046420

15. 강찬수, 2022. "낙동강 인근 쌀에서도 녹조 독소 마이크로시스틴 검출". 중앙일보 2022년 3월 22일. https://www.joongang.co.kr/article/25057266

16. 강찬수, 2023, 환경연합 "낙동강·영산강 일부 쌀에서 녹조 남세균 독소 검출", 중앙일보 2023년 3월 13일. https://www.joongang.co.kr/article/25146672

17. 강찬수, 2021. "녹조 발생한 낙동강 물로 상추 길렀더니 남조류 독소 검출돼". 중앙일보 2021년 10월 19일. https://www.joongang.co.kr/article/25016063

18. 강찬수, 2021. "녹조 발생한 강물로 재배한 농작물 독소에 오염될 수도 있다". 중앙일보 2021년 8월 31일. https://www.joongang.co.kr/article/25003123

19. Wijewickrama, M. M. and P. Manage, 2019. Accumulation of Microcystin-LR in Grains of Two Rice Varieties (*Oryza sativa* L.) and a Leafy Vegetable, *Ipomoea aquatica. Toxins.* doi:10.3390/toxins11080432

20. 강찬수, 2022. "녹조 물로 재배한 쌀에 독소 축적"…스리랑카 실험에서 확인. 중앙일보 2022년 4월 26일. https://www.joongang.co.kr/article/25066361

21. 강찬수, 2022. 낙동강 메기 매운탕 어쩌나…100도서도 못 없애는 독소 검출. 중앙일보 2022년 10월 14일. https://www.joongang.co.kr/article/25109211

22. 김도환 등, 2022. 국내 4대강 보에서 채집된 어류 조직에서 microcystins 농도 분석 및 위해도 평가. 한국하천호수학회지 55(2): 120-131. doi.org/10.11614/KSL.2022.55.2.120

23. Wituszynski, D. M. et al., 2017. Microcystin in Lake Erie fish: Risk to human health and relationship to cyanobacterial blooms. *Journal of Great Lakes Research.* dx.doi.org/10.1016/j.jglr.2017.08.006

24. Kim, M. et al., 2021. Multimedia distributions and the fate of microcystins from freshwater discharge in the Geum River Estuary, South Korea: Applicability of POCIS for monitoring of microalgal biotoxins. *Environmental pollution.* doi. org/10.1016/j.envpol.2021.118222

25. Kim, M. et al., 2020. Distribution of microcystins in environmental multimedia and their bioaccumulation characteristics in marine benthic organisms in the Geum River Estuary, South Korea. *Science of the Total Environment.* doi.org/10.1016/ j.scitotenv.2020.143815

26. Kim, D., 2019. Multimedia distributions, bioaccumulation, and trophic transfer of microcystins in the Geum River Estuary, Korea: Application of compound specific isotope analysis of amino acids. *Environmental International.* doi.org/10.1016/j.envint.2019.105194

27. 강찬수, 2022. '간 독성' 금강 남세균 독소…하굿둑 바깥 갯벌 굴·조개에도 쌓인다. 중앙일보 2022년 6월 21일. https://www.joongang.co.kr/article/25080691

28. Lance E. et al., 2021. *In situ* use of bivalves and passive samplers to reveal water contamination by microcystins along a freshwater-marine continuum in France. *Water Reserch.* doi.org/10.1016/j.watres.2021.117620

29. 강찬수, 2022. 대구 수돗물 독소 검출 논란…"여름내내 마시면 정자 감소 우려". 중앙일보 2022년 7월 30일.https://www.joongang.co.kr/article/25090922

30. 강찬수, 2022. '수돗물 녹조' 검사법 문제 삼은 환경과학원, 12년 전 그 방법 추천했다. 중앙일보 2022년 8월 5일. https://www.joongang.co.kr/article/25092227

31. 강찬수, 2022. 환경부 '정량 한계' 억지로 높인 뒤 "수돗물 남세균 독소 불검출" 주장. 중앙일보 2022년 9월 14일. https://www.joongang.co.kr/article/25101586

32. 강찬수, 2022. 세계 각국 눈 부릅떴는데…남세균 독소, 가볍게 대하는 환경부. 중앙일보 2022년 10월 12일. https://www.joongang.co.kr/article/25108500

33. 강찬수, 2022. 수돗물 남세균 독소 검출 논란에 계속 말 바꾸는 국립환경과학원. 중앙일보 2022년 11월 11일. https://www.joongang.co.kr/article/25116751

34. Guo, Y. C. et al., 2017. Analysis of Microcystins in Drinking Water by ELISA and LC/MS/MS. *Journal of AWWA.* dx.doi.org/10.5942/jawwa.2017.109.0027

35. EPA, 2016. Method 546: Determination of Total Microcystins and Nodularins in Drinking Water and Ambient Water by Adda Enzyme-Linked Immunosorbent Assay. https://www.epa.gov/sites/default/files/2016-09/documents/method-546-determination-total-microcystins-nodularins-drinking-water-ambient-water-adda-enzyme-linked-immunosorbent-assay.pdf

36. Abraxis, 2022 .Microcystins-ADDA ELISA (Microtiter Plate). https://abraxis. eurofins-technologies.com/media/15517/ug-21-060-rev-02-microcystins-dm-elisa_522015.pdf

37. OEHHA, 2022. RECOMMENDATIONS FOR ACUTE NOTIFICATION LEVELS FOR NATOXIN-A, CYLINDROSPERMOPSIN, MICROCYSTINS ANDSAXITOXINS. https://oehha.ca.gov/media/downloads/water/document/acutenlrecommendationsmemo061522.pdf

38. Xu, D. et al., 2021. Association between Semen Microcystin Levels and Reproductive Quality: A Cross-Sectional Study in Jiangsu and Anhui Provinces, China. *Environmental Health Perspectives*. doi.org/10.1289/EHP9736

39. 강찬수, 2022. 불임클리닉 찾은 남성 정액에 남세균 독소…녹조 또다른 위험. 중앙일보 2022년 10월 27일. https://www.joongang.co.kr/article/25112601

40. Xu, J. et al., 2022. Microcystin-leucine-arginine affects brain gene expression programs and behaviors of offspring through paternal epigenetic information. *Science of Total Environment*. doi.org/10.1016/j.scitotenv.2022.159032

41. 강찬수, 2022. 수컷 물고기, 남세균 독소 노출되면…손자까지 신경발달 장애. 중앙일보 2022년 10월 18일. https://www.joongang.co.kr/article/25109959

42. He, J. et al., 2022. Health Risks of Chronic Exposure to Small Doses of Microcystins: An Integrative Metabolomic and Biochemical Study of Human Serum. *Environmental Science and Technolgy*. doi.org/10.1021/acs.est.2c00973

43. 강찬수, 2022. WHO "이정도 녹조는 무독성"이라지만…생쥐 신장은 병들었다. 중앙일보 2022년 5월 10일. https://www.joongang.co.kr/article/25069972

44. Agathokleous, E., et al., 2022. Low Levels of Contaminants Stimulate Harmful Algal Organisms and Enrich Their Toxins. *Environmental Science and Technlogy*. doi.org/10.1021/acs.est.2c02763

45. 강찬수, 2022. 농도 낮은 항생제에 노출되면…남세균 녹조, 독소 더 내뿜는다. 중앙일보 2022년 8월 30일. https://www.joongang.co.kr/article/25098017

46. 환경부, 2021. 낙동강수계 산업단지 미량유해물질 조사 및 인벤토리체계구축. ㈜엔솔파트너스.

47. 강찬수, 2022. 암 유발성 '불멸의 화학물' 검출…수돗물서 美기준치 최고 3500배. 중앙일보 2022년 10월 1일. https://www.joongang.co.kr/article/25106128

48. Pestana, C.J. et al., 2021. Potentially Poisonous Plastic Particles: Microplastics as a Vector for Cyanobacterial Toxins Microcystin-LR and Microcystin-LF. *Environmental Science and Technology*. doi.org/10.1021/acs.est.1c05796

49. 강찬수, 2021. 미세플라스틱이 녹조 독소 농축…먹이로 착각한 물벼룩 죽일 수도. 중앙일보 2021년 11월 17일. https://www.joongang.co.kr/article/25024380

50. He, Y. et al., 2023. Microcystins-Loaded Aged Nanoplastics Provoke a Metabolic Shift in Human Liver Cells. *Environmental Science and Technology*. doi.org/10.1021/acs.est.3c00990

51. Feng, S. et al., 2022. Microcystin-LR Combined with Cadmium Exposures and the Risk of Chronic Kidney Disease: A Case−Control Study in Central China. *Environmental Science and Technology*. doi: 10.1021/acs.est.2c02287.

52. 강찬수, 2022. 남세균 독소와 카드뮴 동시 노출, 신장 질환 높이는 '상승작용' 유발. 중앙일보 2022년 10월 26일. https://www.joongang.co.kr/article/25112263

〈5부〉

1. 환경부, 2020. 조류경보제 대상 호소·하천 지정 고시. https://www.law.go.kr/DRF/lawService.do?OC=me_pr&target=admrul&ID=2100000189005&type=HTML&mobileYn=,

2. 환경부 2023. 유해 남조류 4종. 물환경정보시스템. https://water.nier.go.kr/web/contents/contentView/?pMENU_NO=196

3. 환경부, 2023. 2022년 조류(녹조) 발생과 대응 연차보고서.

4. 최승호, 2002. 대를 이은 환경부 기만 정책, 조류경보제. 뉴스타파 2022년 2월 14일. https://www.newstapa.org/article/97jQT

5. 김흥민 등, 2022. 무인항공기 기반 다중분광영상을 이용한 낙동강 Chlorophyll-a 및 녹조발생지수 분석. 한국지리정보학회지. 25(1):101-119. doi.org/10.11108/kagis.2022.25.1.101

6. Song, Z. et al., 2022. Research on Cyanobacterial-Bloom Detection Based on Multispectral Imaging and Deep-Learning Method. *Sensors*. 22(12): 4571. doi.org/10.3390/s22124571

7. Choi, B. et al., 2023. A study of cyanobacterial bloom monitoring using unmanned aerial vehicles, spectral indices, and image processing techniques. *Heliyon*. doi.org/10.1016/j.heliyon.2023.e16343

8. Gernez, P. et al., 2023. The many shades of red tides: Sentinel-2 optical types of highly-concentrated harmful algal blooms. *Remote Sensing of Environment*. doi.org/10.1016/j.rse.2023.113486

9. Li, J. et al., 2022. Landsat-Satellite-Based Analysis of Long-Term Temporal Spatial Dynamics of Cyanobacterial Blooms: A Case Study in Taihu Lake. *Land* 2022 11(12): 2197. doi.org/10.3390/land11122197

10. Zhang, Y. et al., 2023. Label-Free Cyanobacteria Quantification Using a Microflow Cytometry Platform for Early Warning Detection and Characterization of Hazardous Cyanobacteria Blooms. *Micormchines*. doi.org/10.3390/mi14050965

11. Brewin, R. J. W. et al., 2023. Evaluating historic and modern optical techniques for monitoring phytoplankton biomass in the Atlantic Ocean. *Frontiers in Marine Science*. DOI: 10.3389/fmars.2023.1111416

12. 강찬수, 2023. 40년간 오락가락했다···다시 주목받는 수질기준 COD의 과거. 중앙일보 2023년 7월 15일. https://www.joongang.co.kr/article/25177518

13. 박정헌, 2016. 수문 찔끔 연다고 '녹조라떼' 잡히나···펄스방류 실효성 '논란'. 연합뉴스 2016년 8월 18일.

14. Kim. J. et al., 2022. Oscillation Flow Dam Operation Method for Algal Bloom

Mitigation. *Water*. 14(8): 1315. doi.org/10.3390/w14081315

15. 강찬수, 2022. 남한강 녹조, 방류량 늘리지 않고 30%까지 줄이는 방법 있다. 중앙일보 2022년 6월 18일자. https://www.joongang.co.kr/article/25080099

16. 강찬수, 1997. 중하류 農耕地도 오염배출-낙동강 맑아질까. 중앙일보 1997년 1월 20일. https://www.joongang.co.kr/article/3388156

17. 강찬수, 1996. "수질 나쁜 호수.저수지 축산시설.낚시 등 금지". 중앙일보 1996년 10월 21일. https://www.joongang.co.kr/article/3341255

18. 강찬수, 1998. [환경부] 팔당호 수질개선 1조 투자…2005년까지 추진. 중앙일보 1998년 4월 30일. https://www.joongang.co.kr/article/3638998

19. 강찬수, 1997. 전국 호수 부영양화 심각…국립환경연구원 조사결과. 중앙일보 1997년 10월 27일. https://www.joongang.co.kr/article/3542450

20. 강찬수, 2001. 갈대 · 달뿌리풀 수질 정화에 큰 효과 보여. 중앙일보 2001년 10월 29일. https://www.joongang.co.kr/article/4158984

21. 강찬수, 1998. [22일은 세계 물의 날] 수질 갈수록 악화…누수 하수관 오염 주범. 중앙일보 1998년 3월 20일. https://www.joongang.co.kr/article/3620902

22. 강찬수, 2001. 고도 하수처리장 이름값 못해. 중앙일보 2001년 11월 26일. https://www.joongang.co.kr/article/4177349

23. 환경부, 2010. 4대강 수질개선대책 차질없이 추진 중. 2010년 12월 2일 보도자료

24. 정철욱, 2023. 부산 상수원 물금·매리 낙동강 보 건설 후 수질 개선, *서울신문* 2023년 1월 9일. https://www.seoul.co.kr/news/newsView.php?id=20230109500073

25. 최정승 등, 2016. 하수처리장 2차 처리수의 고효율 인 제거를 위한 응집제 개선. *상하수도학회지*. dx.doi.org/10.11001/jksww.2016.30.6.683

26. 김희정 등, 2010. 다양한 중금속이 인 축적 미생물 (Pseudomonas sp.)의 생장과 인 제거에 대한 효과. *한국환경농학회지*. 29(2):189-196.

27. Bunce, J. T. et al., 2018. A Review of Phosphorus Removal Technologies and Their Applicability to Small-Scale Domestic Wastewater Treatment Systems. *Frontiers in Environmental Science*. doi: 10.3389/fenvs.2018.00008

28. 환경부, 2023. '낙동강 수계에 쌓인 퇴비 관리 강화…녹조 예방'. 환경부 보도자료 2023년 5월 16일.

29. 강찬수·심석용, 2019. 수로 좁아 큰 배 못 다녀, 출발부터 경제성 부족. 중앙일보 2019년 6월 24일자. https://www.joongang.co.kr/article/23504529

30. 강찬수, 2017, [단독] 4대강 바닥, 진흙 쌓이고 산소 고갈…물고기도 살기 어려워졌다. 중앙일보 2017년 7월 12일. https://www.joongang.co.kr/article/21749539

31. 강찬수, 2014. 녹조 제거, 기술은 있지만 비용 엄청나. 중앙일보 2014년 7월 28일. https://www.joongang.co.kr/article/15373104

32. 강찬수, 2017. 한 척에 5억…낙동강 녹조 먹는 거대 소금쟁이 떴다. 중앙일보 2017년 11월 17일. https://www.joongang.co.kr/article/22123909

33. 강찬수, 2023. [단독] 45억 들인 녹조제거 선박 폐기…환경부 "운영예산 없다". 중앙일보 2023년 4월 26일. https://www.joongang.co.kr/article/25158065

녹조의 번성, 남세균 탓인가 사람 잘못인가

34. 강찬수, 2020. 1조1030억원 들어간 낙동강 상류 영주댐⋯해체 주장 왜 나오나. 중앙일보 2020년 1월 20일. https://www.joongang.co.kr/article/23686368

35. Suttle, S. A. and A. M. Chan, 1993. Marine cyanophages infecting oceanic and coastal strains of *Synechococcus*: abundance, morphology, cross-infectivity and growth characteristics. *Marine Ecology Progree Series* 92: 99-109. doi:10.3354/meps092099

36. Aranda, Y. N. et al., 2023. Cyanophage-cyanobacterial interactions for sustainable aquatic environment. *Environment Research* doi.org/10.1016/j.envres.2023.115728

37. Zhu, X. et al., 2023. From natural to artificial cyanophages: Current progress and application prospects. *Environment Research*. doi.org/10.1016/j.envres.2023.115428

38. Bhatt, P. et al., 2023. Cyanophage technology in removal of cyanobacteria mediated harmful algal blooms: A novel and eco-friendly method. *Chemosphere*. doi.org/10.1016/j.chemosphere.2023.137769

39. Grasso, C. R., 2022. A Review of Cyanophage–Host Relationships: Highlighting Cyanophages as a Potential Cyanobacteria Control Strategy. *Toxins*. doi.org/10.3390/toxins14060385

40. 김명운, 1994. *Microcystis aeruginosa*의 증식에 따른 대청호 생태계내의 생물군집변화와 생물조작의 방안. 이학박사학위 논문. 서울대학교

41. Yin, C. et. al., 2023. Can top-down effects of planktivorous fish removal be used to mitigate cyanobacterial blooms in large subtropical highland lakes? *Water Rsearch*. doi.org/10.1016/j.watres.2022.118483

42. 강찬수, 2022. 녹조 뒤덮인 호수, 물고기 잡았더니 맑아졌다⋯中 기적의 실험. 중앙일보 2022년 4월 30일. https://www.joongang.co.kr/article/25067750

43. 강찬수, 2014. "녹조 심각한 한강·낙동강에 물벼룩 풀어 제거한다". 중앙일보 2014년 9월 19일. https://www.joongang.co.kr/article/15852084

44. Medical News Today. 2022. What are the benefits of spirulina? https://www.medicalnewstoday.com/articles/324027

45. 강찬수, 2023. 해녀 울리는 제주 바다⋯바닷속 해조류가 사라졌다, 무슨 일. 중앙일보 2023년 6월 18일. https://www.joongang.co.kr/article/25170609

46. Sano, T. and K. Kaya, 1995. Oscillamide Y, a chymotrypsin inhibitor from toxic *Oscillatoria agardhii*. *Tetrahedron Letters*. doi.org/10.1016/0040-4039(95)01198-Q

47. Singh, R. K. et al., 2011. Cyanobacteria: an emerging source for drug discovery. *The Journal of Antibiotics* 64: 401–412. doi:10.1038/ja.2011.21

48. Agarwal, P. et al., 2022. Cyanobacteria as a Promising Alternative for Sustainable Environment: Synthesis of Biofuel and Biodegradable Plastics. *Frontiers in Microbiology*. doi: 10.3389/fmicb.2022.939347

49. Cui, J. et al., Deciphering and engineering photosynthetic cyanobacteria for heavy metal bioremediation. *Science of Total Environment*. doi.org/10.1016/j.scitotenv.2020.1441110048-9697

찾아보기

녹조의 번성, 남세균 탓인가 사람 잘못인가

녹조의 번성, 남세균 탓인가 사람 잘못인가

녹조의 번성

남세균 탓인가, 사람 잘못인가

초판 1쇄 인쇄   2023년 10월 10일
초판 1쇄 발행   2023년 10월 25일

지은이   강찬수

펴낸곳   지오북(**GEO**BOOK)
펴낸이   황영심
편집   전슬기, 정진아
디자인   장영숙

주소   서울특별시 종로구 새문안로5가길 28, 1015호
(적선동, 광화문 플래티넘)
Tel_02-732-0337   Fax_02-732-9337
eMail_geobookpub@naver.com
www.geobook.co.kr
cafe.naver.com/geobookpub

출판등록번호   제300-2003-211
출판등록일   2003년 11월 27일

ISBN 978-89-94242-89-7 03470

재생종이로 만든 책

이 책은 환경과 산림자원 보호를 위해
FSC 인증 종이와 재생종이를 사용했습니다.